SpringerWienNewYork

Baukonstruktionen
Band 10

Herausgegeben von
Anton Pech

Anton Pech
Andreas Kolbitsch

Treppen / Stiegen

unter Mitarbeit von
Alfred Pauser
Klaus Jens
Monika Anna Klenovec

SpringerWienNewYork

Dipl.-Ing. Dr. techn. Anton Pech
Univ.-Prof. Dipl.-Ing. Dr. techn. Andreas Kolbitsch
Wien, Österreich

unter Mitarbeit von

em. O.Univ.-Prof. Baurat hc. Dipl.-Ing. Dr. Alfred Pauser
Dipl.-Ing. Klaus Jens
Wien, Österreich

Arch. Dipl.-Ing. Monika Anna Klenovec
Perchtoldsdorf, Österreich

Textkonvertierung und Umbruch: Grafik Rödl, 2486 Pottendorf, Österreich
Druck und Bindearbeiten: Druckerei Theiss GmbH, 9431 St. Stefan, Österreich

Gedruckt auf säurefreiem, chlorfrei gebleichtem Papier – TCF
SPIN: 10999899

Mit zahlreichen (teilweise farbigen) Abbildungen

Bibliografische Information Der Deutschen Bibliothek
Die Deutsche Bibliothek verzeichnet diese Publikation in der Deutschen Nationalbibliografie, detaillierte bibliografische Daten sind im Internet über <http://dnb.ddb.de> abrufbar.

ISSN 1614-1288

ISBN 3-211-21499-2 SpringerWienNewYork

VORWORT ZUR 1. AUFLAGE

Die Fachbuchreihe Baukonstruktionen mit ihren 17 Basisbänden stellt eine Zusammenfassung des derzeitigen technischen Wissens bei der Errichtung von Bauwerken des Hochbaues dar. Es wird versucht, mit einfachen Zusammenhängen oft komplexe Bereiche des Bauwesens zu erläutern und mit zahlreichen Plänen, Skizzen und Bildern zu veranschaulichen. Der vorliegende Band „Gründungen" umfasst die grundbautechnischen Grundlagen sowie die Erddrucktheorien als Basis für eine wirtschaftliche und konstruktive Planung. Aufbauend auf den Bodenerkundungen werden die Möglichkeiten und Einsatzgrenzen von Flach- und Tiefgründungen erläutert sowie Bauweisen und Baumethoden beschrieben.

Nachdem sich bei der Erstellung des Basisbandes zeigte, dass eine Zusammenstellung der einzelnen Fachbereiche, einschließlich der Baugrubenherstellung, den festgesetzten Buchumfang bei weitem überschritten hätte, beschränkt sich der Basisband nur auf die theoretischen Grundlagen, den Erddruck sowie Flach- und Tiefgründungen. Die im Zuge der Bauwerksherstellung erforderlichen zusätzlichen Maßnahmen wie Baugrubensicherungen und Unterfangungen sowie die Problematik des Bauens im Wasser, die Herstellung von Böschungen und die Ausführung von Bodenverbesserungen werden in einem Erweiterungsband behandelt.

Fachbuchreihe BAUKONSTRUKTIONEN

Band 1: Bauphysik

Band 2: Tragwerke

Band 3: Gründungen

Band 4: Wände

Band 5: Decken

Band 6: Keller

Band 7: Dachstühle

Band 8: Steildach

Band 9: Flachdach

Band 10: Treppen / Stiegen

- Grundlagen
- Entwurfskriterien
- Barrierefreie Erschließungen
- Konstruktionsformen
- Aufzüge

Band 11: Fenster

Band 12: Türen und Tore

Band 13: Fassaden

Band 14: Fußböden

Band 15: Heizung und Kühlung

Band 16: Lüftung und Sanitär

Band 17: Elektro- und Regeltechnik

INHALTSVERZEICHNIS

100.1 GRUNDLAGEN

Treppen, in Österreich auch oft als Stiegen bezeichnet, dienen der Überwindung des Höhenunterschiedes einzelner Geschoße. Der Treppenlauf wird dabei durch die Abfolge von senkrechten Steigungen und waagrechten Auftritten mit teilweise zwischengeschalteten Podesten gebildet. Treppen sollen bequem zu begehen sein und die zu erwartende Anzahl der Nutzer eines Gebäudes auch in Zeiten hohen Bedarfs aufnehmen können.

Für die Planung und den Entwurf sind neben den Nutzerbedürfnissen gesetzliche Vorschreibungen und Normen, architektonische und statisch-konstruktive Anforderungen wie auch bauphysikalische Aspekte zu beachten.

Abbildung 100.1-01: Treppenansichten

Treppen können repräsentativ gestaltet werden und einem Gebäude ein besonderes Aussehen verleihen. Viele Beispiele aus der Baugeschichte zeigen, dass Treppen oft Symbole für Macht, Luxus oder Monumentalität sind oder in Bürgerhäusern eine vornehme Extravaganz ausstrahlen.

100.1.1 BEGRIFFE

Für die Beschreibung von Treppen steht eine Anzahl von Fachausdrücken zur Verfügung, die wichtigsten davon sind nachstehend angeführt.

Abbildung 100.1-02: Schematische Darstellung Begriffe [56]

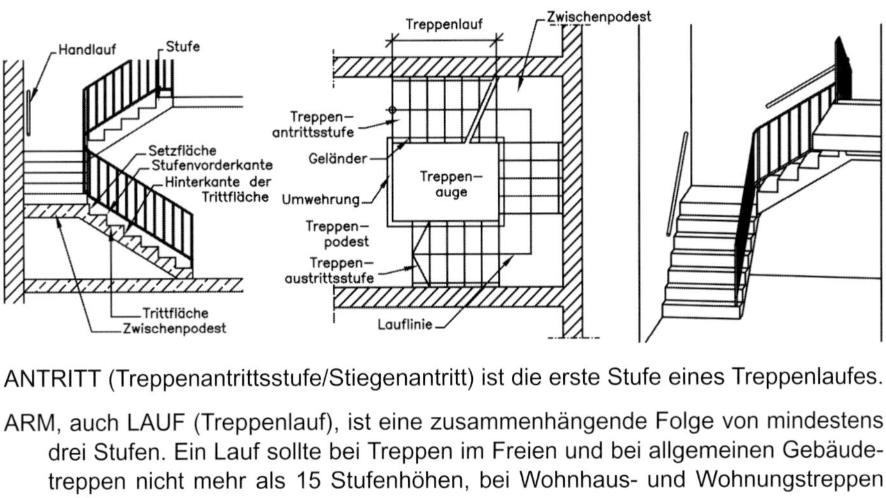

ANTRITT (Treppenantrittsstufe/Stiegenantritt) ist die erste Stufe eines Treppenlaufes.

ARM, auch LAUF (Treppenlauf), ist eine zusammenhängende Folge von mindestens drei Stufen. Ein Lauf sollte bei Treppen im Freien und bei allgemeinen Gebäudetreppen nicht mehr als 15 Stufenhöhen, bei Wohnhaus- und Wohnungstreppen nicht mehr als 20 Stufenhöhen zählen. Im Bedarfsfall ist ein Zwischenpodest einzuplanen.

AUFTRITT, TRITTFLÄCHE ist die betretbare waagrechte Oberfläche einer Stufe.

AUFTRITTSBREITE a ist der horizontale Abstand der Vorderkanten zweier aufeinander folgender Trittstufen. Die für das Steigungsverhältnis maßgebende Auftrittsbreite wird in der Lauflinie (Gehlinie) gemessen.

DURCHGANGSBREITE (NUTZBARE TREPPENLAUFBREITE) ist das lichte Fertigmaß zwischen den an beiden Seiten eines Laufes angebrachten Handläufen/Stiegengeländern. Bei einseitig angebrachtem Mauerlauf ist es das Maß zwischen Wandoberfläche und Handlauf.

Abbildung 100.1-03: Nutzbare Treppenlaufbreite, Treppenlaufbreite [56]

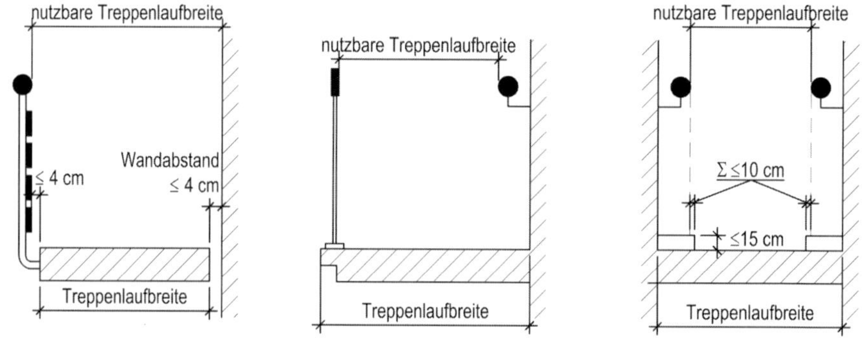

DURCHGANGSHÖHE ist das lotrechte Fertigmaß zwischen einer gedachten, durch die Trittkanten verlaufenden Fläche und den Unterkanten und/oder -flächen darüberliegender Bauteile. In einigen Baugesetzen ist ein Mindestmaß von 2,10 m verlangt, größere Höhen sind aber immer wünschenswert. Da es sich bei dem Maß um ein Fertigmaß handelt, dürfen keinerlei Bauteile wie z.B. Rohre, Kanten, Unterzüge die Durchgangshöhe vermindern.

Abbildung 100.1-04: Durchgangshöhe, lichtes Durchgangsprofil [56]

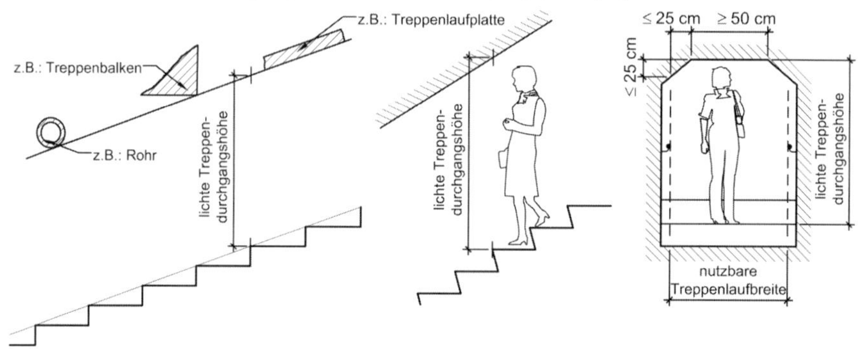

GEHLINIE (GANGLINIE, LAUFLINIE) ist jene Linie, in der eine Treppe/Stiege hauptsächlich begangen und in der bei gewendelten Treppen das Steigungsverhältnis angegeben wird. Bei geraden Treppen hat die eingezeichnete Ganglinie nur richtungsweisenden Charakter und wird in der Regel in der Treppenmitte gezeichnet. Der Abstand der Gehlinie ist bei gewendelten Treppen von der äußeren Begrenzung der Durchgangsbreite zu messen und muss mind. 40 cm betragen. Bei Richtungsänderungen (Anwendelungen) gerader Treppenläufe muss, unter Beachtung obiger Forderung, der Abstand der Gehlinie zur inneren Begrenzung der Durchgangsbreite gleich bleiben; dieser Abstand darf nicht kleiner als 40 cm und nicht größer als 80 cm messen [55]. Die Gehlinie wird als Linie mit Pfeilspitze dargestellt, wobei der Pfeil immer nach oben zeigt.

Abbildung 100.1-05: Lauflinie (Ganglinie, Gehlinie) [55]

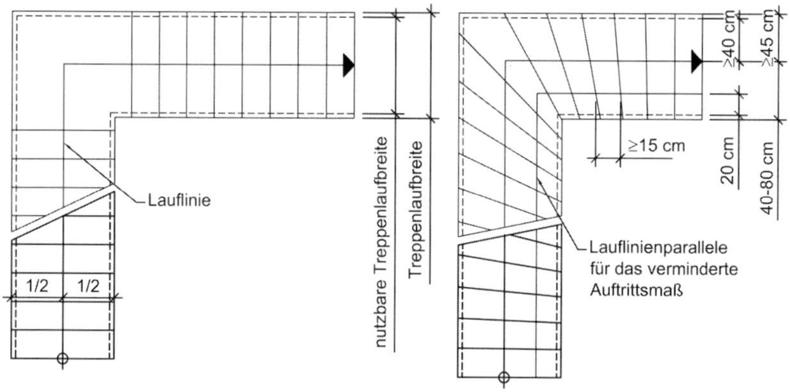

GEHBEREICH ist die Zone, in der eine Treppe hauptsächlich begangen wird und in der auch die Gehlinie (Lauflinie) liegt [56]. Die Breite und Lage des Gehbereiches ist dabei abhängig von der Situierung des Handlaufes.

Tabelle 100.1-01: Lauflinie und Gehbereich [56]

Nutzbare Laufbreite *[cm]*	**Handlauf innen** **b1** *[cm]*	**b2** *[cm]*	**b3** *[cm]*	**Handlauf außen** **b1** *[cm]*	**b2** *[cm]*	**b3** *[cm]*
50	20	10	20	15	10	25
60	24	12	24	18	12	30
70	28	14	28	21	14	35
80	32	16	32	24	16	40
90	36	18	36	27	18	45
100	40	20	40	30	20	50
110	40	20	50	33	22	55
120	40	20	60	36	24	60
130	40	20	70	39	26	65
140	40	20	80	40	28	72

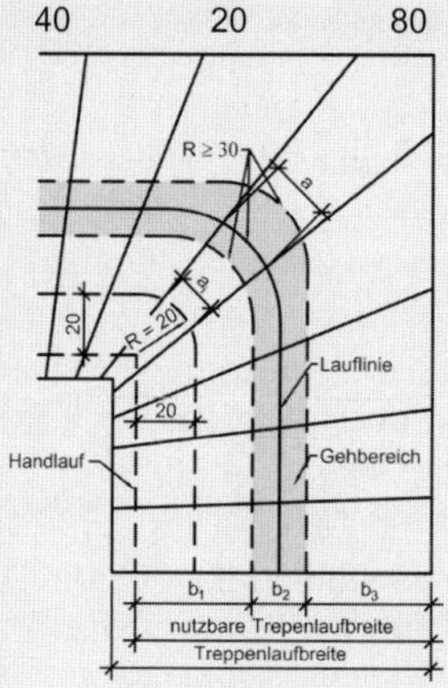

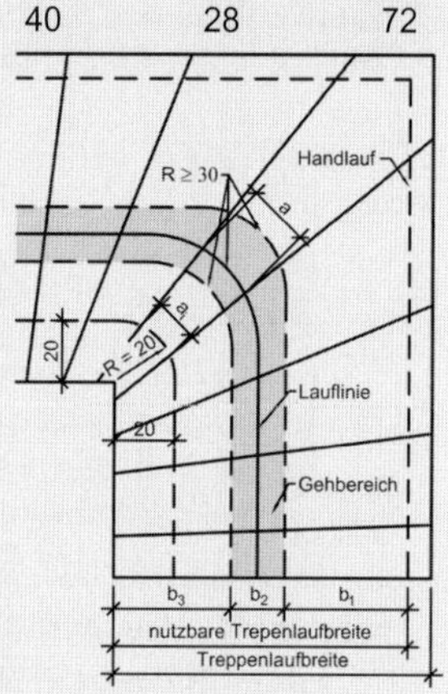

GELÄNDER ist ein Bauteil, welcher der Absturzsicherung und dem sicheren Begehen der Stiege dient. Die Geländeroberkante liegt im Regelfall 100 cm über der Vorderkante der Trittfläche.

GESCHOSSHÖHE ist der vertikale Abstand der Fußbodenoberkanten zweier übereinander liegender Geschoße.

HANDLAUF ist die Griffsicherung für die Benutzer der Treppe, Handlaufhöhe mindestens 85 cm über der Trittkante der Stufe.

MEISSEL wird die Neigung der Trittfläche gegen die Horizontale in Richtung der Stufenvorderkante genannt.

PODEST ist eine die Stufenfolge unterbrechende/begrenzende Fläche.

- TREPPENPODEST: waagrechter Bauteil am Anfang und/oder Ende des Treppenlaufes.
- GESCHOSSPODEST: Podest am Anfang und/oder Ende einer Geschoßtreppe (Treppe zwischen zwei Geschoßen).
- ZWISCHENPODEST: Podest zwischen Treppenläufen aufgrund einer Richtungsänderung oder zufolge der Begrenzung der Stufenhöhenzahl.

RAMPENTREPPEN (RAMPENSTIEGEN) weisen einen Steigungswinkel von 15 bis 20° auf. Das Podest ist leicht geneigt.

SETZFLÄCHE, auch SPIEGEL, ist die Vorderfläche einer Stufe.

SPINDELMAUER ist ein Spindelraum ausfüllendes oder dessen Ränder einfassendes Mauerwerk. Sie kann voll oder durchbrochen ausgeführt werden.

SPINDELRAUM oder TREPPENAUGE ist der zwischen den Stiegenläufen verbleibende freie Raum. Die Breite des Spindelraumes ist abhängig von der Konstruktion der Treppe, der Geländerausbildung und von allfälligen Einbauten.

STEIGUNGSVERHÄLTNIS ist das Verhältnis von Stufenhöhe h zur Auftrittsbreite a.

STUFE ist jener Teil eines Stiegenlaufes, der in der Regel mit einem Schritt überwunden wird, und ist begrenzt von Tritt- und Setzfläche. Die Schnittlinie von Tritt- und Setzfläche ist die Trittkante.

STUFENFORMEN können hinsichtlich ihrer Querschnittsausbildung unterschieden werden in:

- BLOCKSTUFE ist eine Stufe mit rechteckigem oder annähernd rechteckigem Querschnitt.
- KEILSTUFE ist eine massive Stufe mit keilförmigem Querschnitt. Keilstufen liegen gegenseitig auf einfachen oder gebrochenen Fälzen auf. Der waagrechte Teil des Falzes wird als Tragfalz (2–4 cm), der zur Steigungslinie normal ausgebildete Teil wird als Stoßfalz (5–7 cm) bezeichnet.
- PLATTENSTUFEN haben einen rechteckigen oder annähernd rechteckigen Querschnitt, mit oder ohne Setzstufe, und können frei tragend oder voll aufliegend ausgeführt werden.

- HOHL- oder MANTELSTUFEN sind Stufen mit winkelförmigem Querschnitt und ein- oder zweiseitigem, vollem Stufenkopf.
- WINKELSTUFEN (L-Stufe) haben einen winkelförmigen Querschnitt und sind auf einem Stufenkern vollflächig versetzt.

Abbildung 100.1-06: Stufenformen [55]

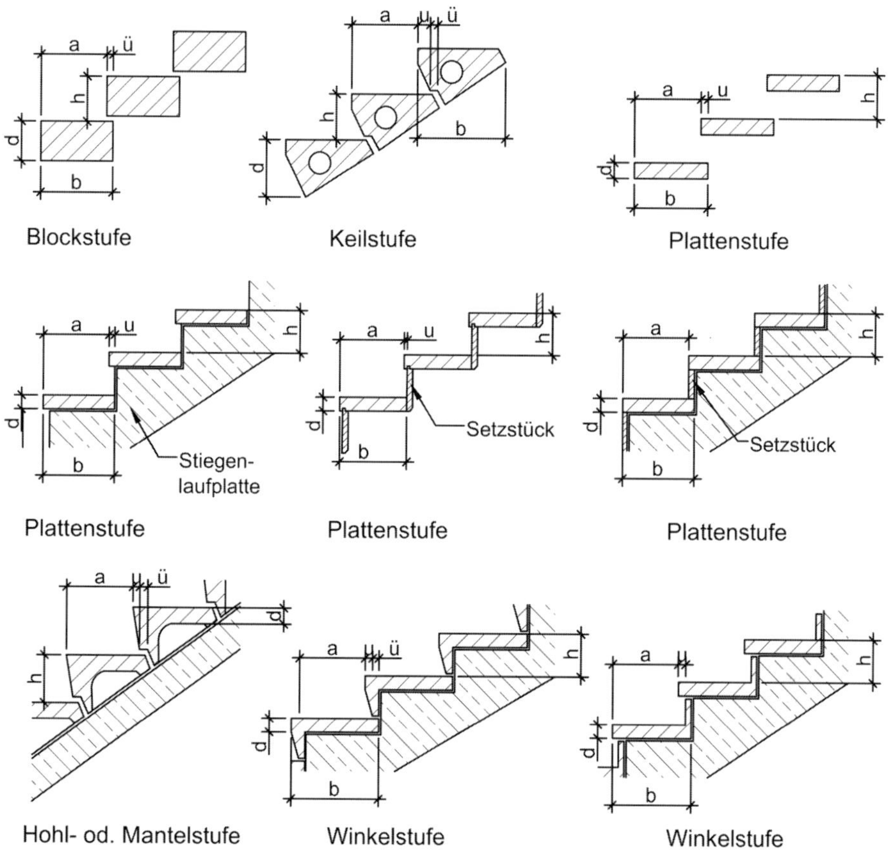

a … Auftrittsbreite	**b … Stufenbreite**
d … Stufendicke	**h … Stufenhöhe**
ü … Überdeckung	**u … Unterschneidung**

STUFENHÖHE *h* ist das lotrechte Maß zwischen zwei aufeinander folgenden Trittflächen. In Verbindung mit der Auftrittsbreite a ergibt sich das Verhältnis h/a, das Steigungsverhältnis, eine der wichtigsten Kennzahlen zur Definition der Treppe.

STUFENLÄNGE *l*, STUFENBREITE *b* sind die Abmessungen der kleinsten Grundrissprojektion eines umschreibenden Rechteckes, das an der Trittkante anliegt.

Abbildung 100.1-07: Stufenlänge, Stufenbreite [54]

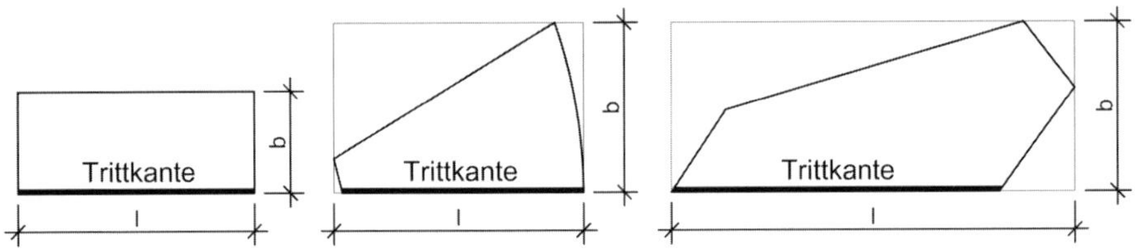

TREPPENLAUFBREITE (STIEGENBREITE) ist die volle Breite eines Treppenlaufes einschließlich Wangen, Sockel usw., sie ist zumeist nicht ident mit der Durchgangsbreite.

TRITTKANTE ist die Schnittlinie der Trittfläche und der anschließenden Setzfläche derselben Stufe.

WANGE heißt der seitlich sichtbare Teil des Treppenlaufes.

WENDELTREPPE ist eine Treppe mit kreisförmig geschlossener Gehlinie. Die Wendeltreppen können mit hohler oder voller Spindel ausgeführt werden.

100.1.2 VORSCHRIFTEN

Neben der Überwindung von Höhendifferenzen kommen Treppen insbesondere die Aufgabe zu, im Gefahrenfall, z.B. bei einem Brand, ein rasches und sicheres Verlassen der Gebäude zu ermöglichen. Treppen sind daher Fluchtwege, die besonderen Auflagen unterliegen. Man unterscheidet somit auch in notwendige und nicht notwendige Treppen. Entsprechend dieser Unterscheidung gelten Anforderungen an die Konstruktion und auch an die Werkstoffe. Notwendige Treppen müssen im Katastrophenfall hinreichend lange die Flucht aus dem Gebäude bzw. die Rettung hilfloser Menschen ermöglichen.

Die Kapazität einer Treppe wird durch ihre Durchgangsbreite bestimmt, dem *„lichten Maß zwischen den an beiden Seiten eines Stiegenlaufes angebrachten Handläufen (Geländerfüllelementen), bei einseitig angebrachtem Handlauf das Maß zwischen Wandoberfläche und Handlauf (Geländerfüllelement)“.* Auch im Bereich des Podestes muss diese Durchgangsbreite eingehalten werden.

Tabelle 100.1-02: Mindestbreite von notwendigen Verbindungswegen [24]

Zulässige Personenanzahl innerhalb desselben Geschoßes	**Zugehörige Geschoßfläche innerhalb desselben Geschoßes** *[m²]*	**Mindestbreite** *[cm]*
120	240	120
180	360	140
240	480	180
300	600	220
> 300	> 600	zusätzliche Treppe

Neben den Baugesetzen sind auch in nationalen und europäischen Normen Bestimmungen über die Planung und Konstruktion von Gebäudetreppen enthalten (z.B.: ÖNORM B 5371:2000 [56]: Gebäudetreppen – Abmessungen, DIN 18065: Gebäudetreppen – Definitionen, Messregeln, Hauptmaße).

Die Bauordnungen und Baugesetze legen nicht nur Fluchtweglängen notwendiger Verbindungswege fest, sondern vielmehr auch die Mindestanforderungen an die Treppenabmessungen, die Stufenabmessungen und die Ausbildung von Geländern und Podesten. Für eine gesetzeskonforme Planung einer Gebäudetreppe ergeben sich daher regional unterschiedliche Kriterien.

Beispiel 100.1-01: Notwendige Verbindungswege

Auszug aus Bauordnung für Wien [24]

§ 106: Stiegen, Gänge und sonstige Verbindungswege

Jede Wohnung oder Betriebseinheit muss unmittelbar, jeder Raum einer Wohnung oder Betriebseinheit unmittelbar oder mittelbar von den öffentlichen Verkehrsflächen sicher erreichbar sein. Verbindungswege, die der unmittelbaren Erreichbarkeit einer Wohnung oder Betriebseinheit oder der unmittelbaren oder mittelbaren Erreichbarkeit jedes Aufenthaltsraumes einer Betriebseinheit von den öffentlichen Verkehrsflächen dienen, sind notwendige Verbindungswege. Aufzüge können notwendige Verbindungswege nicht ersetzen. Räume, die nicht Bestandteil einer Wohnung oder Betriebseinheit sind, dürfen nicht ausschließlich über Wohnungen oder Betriebseinheiten erreichbar sein.

Im Zuge eines notwendigen Verbindungsweges dürfen Stiegen von keinem Teil eines Aufenthaltsraumes weiter als 40 m entfernt sein. Im Erdgeschoß darf kein Teil eines Aufenthaltsraumes weiter als 40 m von einem notwendigen Verbindungsweg entfernt sein.

Die notwendigen Verbindungswege müssen ausreichend belüftbar und ausreichend beleuchtbar sein. Sie müssen eine lichte Höhe von mindestens 2,10 m haben; bei Stiegen, von der Vorderkante der Stufen aus gemessen, und bei geneigten Gängen muss diese Höhe senkrecht zur Neigung gegeben sein. Gänge dürfen keinen größeren Neigungswinkel als 1:10 aufweisen.

Tabelle 100.1-03: Gebäudetreppen Bauvorschriften – Stufenabmessungen

	Maximale Stufenhöhe	**Minimale Auftrittsbreite**	**Minimale Spitzstufenbreite**	**Lage Lauflinie von außen**
Wien	H: 16 cm N: 20 cm	H: 30 cm	13 cm	40 cm
Niederösterreich	H: 18 cm N: 20 cm	H: 27 cm	13 cm	45 cm
Burgenland	H: 18 cm N: 20 cm	H: 27 cm	13 cm	45 cm
Steiermark	H: 18 cm N: 20 cm	H: 27 cm N: 25 cm	13 cm	45 cm
Kärnten	H: 18 cm	H: 27 cm	13 cm	45 cm
Tirol	–	–	–	–
Vorarlberg	H: 18 cm N: 20 cm	H: 27 cm N: 23 cm	13 cm	45 cm
Salzburg	H: 18 cm N: 20 cm	H: 27 cm	13 cm	45 cm
Oberösterreich	H: 18 cm N: 20 cm	–	13 cm	45 cm
Bayern	–	–	–	–
Hessen	–	–	–	–
Nordrhein-Westfalen	–	–	–	–
Reinland-Pfalz	–	–	–	–
Sachsen	–	–	–	–
Schleswig-Holstein	–	–	–	–
Thüringen	–	–	–	–

H: Haupttreppe; N: Nebentreppe

Tabelle 100.1-04: Gebäudetreppen Bauvorschriften – Treppenabmessungen

	Durchgangsbreite Wohnhaus	Durchgangsbreite Wohnung	Fluchtweglänge	Durchgangshöhe
Wien	H: 1,20 m	H: 1,00 m	40 m	2,10 m
Niederösterreich	H: 1,20 m N: 1,00 m	H: 1,00 m N: 0,90 m	40 m	H: 2,25 m
Burgenland	H: 1,20 m N: 1,00 m	H: 1,00 m N: 0,90 m	40 m	H: 2,25 m N: 2,10 m
Steiermark	H: 1,20 m	H: 1,00 m	40 m	H: 2,10 m N: 2,00 m
Kärnten	H: 1,20 m	H: 1,00 m	40 m	H: 2,10 m
Tirol	H: 1,20 m	H: 1,20 m	40 m	–
Vorarlberg	H: 0,90 m zw. Handlauf	H: 0,90 m zw. Handlauf	40 m	H: 2,10 m
Salzburg	H: 1,20 m N: 1,00 m	H: 1,00 m N: 0,90 m	40 m	H: 2,25 m N: 2,10 m
Oberösterreich	H: 1,20 m	H: 1,00 m N: 0,90 m	40 m	2,10 m
Bayern	–	–	35 m	–
Hessen	–	–	35 m	–
Nordrhein-Westfalen	H: 1,00 m	H: 0,80 m	35 m	–
Rheinland-Pfalz	H: 1,00 m	H: 0,90 m	35 m	–
Sachsen	H: 1,00 m	H: 0,90 m H: 0,60 m	35 m 35 m	– –
Schleswig-Holstein	H: 1,00 m	H: 0,90 m	35 m	–
Thüringen	H: 1,00 m	H: 0,80 m H: 0,60 m	35 m	–

H: Haupttreppe; N: Nebentreppe

Tabelle 100.1-05: Gebäudetreppen Bauvorschriften – Geländer, Podeste

	Handläufe	Geländerhöhe	Sprossenweite	Podeste
Wien	ab 4 Stufen einseitig ab >1,20 m beidseitig	1,00 m	12 cm	>20 Stufen
Niederösterreich	ab 5 Stufen einseitig ab >2,00 m beidseitig	1,00 m	12 cm	–
Burgenland	ab 5 Stufen einseitig	1,00 m	12 cm	>20 Stufen
Steiermark	einseitig	1,00 m	10 cm	–
Kärnten	einseitig	1,10 m	–	–
Tirol	ab 1,80 m beidseitig	1,00 m	–	–
Vorarlberg	ab 4 Stufen einseitig	0,90 m ab 10 m: 1,10 m	–	–
Salzburg	ab 5 Stufen einseitig	1,00 m	–	–
Oberösterreich	ab 5 Stufen einseitig	1,00 m	13 cm	–
Bayern	–	–	12 cm	–
Hessen	–	–	–	–
Nordrhein-Westfalen	ab 6 Stufen einseitig	0,90 m ab 12 m: 1,10 m	–	–
Rheinland-Pfalz	einseitig	0,90 m ab 12 m: 1,10 m	–	–
Sachsen	ab 5 Stufen einseitig	1,00 m ab 12 m: 1,10 m	–	–
Schleswig-Holstein	einseitig	0,90 m ab 12 m: 1,10 m	12 cm	–
Thüringen	einseitig	0,90 m ab 12 m: 1,10 m	–	–

100.2 ENTWURFSKRITERIEN

Entscheidend für den Entwurf einer Treppe sind neben der Wahl der Grundrissform und des Steigungsverhältnisses auch die Ausbildung der Laufuntersichten (Knicklinie) und die bauphysikalischen Anforderungen sowie die Stufenformen und Materialien.

100.2.1 GRUNDRISSFORMEN

Bei der Ausbildung der Grundrissformen einer Treppe ist zwischen einer Abwinkelung um einen bestimmten Winkel, die einen Zwischenpodest erfordert (bei 90° Viertelpodest, bei 180° Halbpodest), und einer Wendelung zu unterscheiden. Zwischenpodeste sind bei geraden Läufen mindestens alle 20 Stufen zwischenzuschalten. Für die zahlreichen Grundrissformen (Bilder 100.2-01 bis 21) waren lange Zeit die unterschiedlichsten Bezeichnungen üblich. ÖNORM B 5370:1982 [54] regelte die Bezeichnungen der Grundformen, wobei die Benennung der Stiegen (die Neufassung der ÖNORM B5371:2000 [56] enthält erstmals den Begriff „Treppen") nach den Richtungsänderungen in Steigrichtung, der Anzahl der Läufe und der Zwischenpodeste anzugeben waren. Bei gewendelten Treppen (Wendeltreppen) wurden die Richtung der Wendelung, die Anzahl der Läufe sowie eine Beschreibung des Spindelraumes (entweder „Spindelraum" oder „Stiegenspindel") für die Definition verlangt.

Abbildung 100.2-01: Grundrissformen [54]

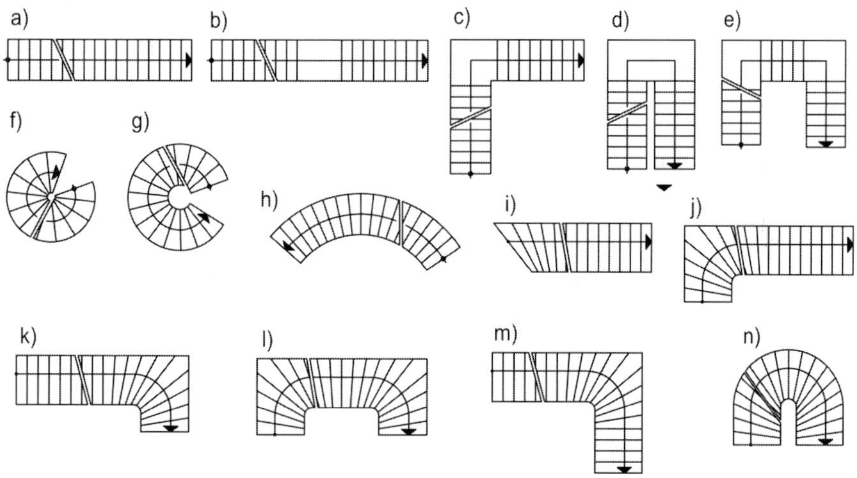

- **a) Gerade Stiege mit einem Lauf**
- **b) Gerade Stiege mit zwei Läufen und einem Zwischenpodest**
- **c) Einmal rechts gewinkelte Stiege mit zwei Läufen und einem Zwischenpodest**
- **d) Zweimal rechts gewinkelte Stiege mit zwei Läufen und einem Zwischenpodest**
- **e) Zweimal rechts gewinkelte Stiege mit drei Läufen und zwei Zwischenpodesten**
- **f) Spindelstiege; rechts gewendelte Stiege mit einem Lauf und Stiegenspindel**
- **g) Wendelstiege; links gewendelte Stiege mit einem Lauf und Spindelraum**
- **h) Links gewendelte Stiege mit einem Lauf**
- **i) Gerade Stiege mit rechts angewendeltem Antritt**
- **j) Gerade Stiege mit rechts viertelgewendeltem Antritt**
- **k) Gerade Stiege mit rechts viertelgewendeltem Austritt**
- **l) Gerade Stiege mit rechts viertelgewendeltem An- und Austritt**
- **m) Rechts gewinkelte Stiege mit viertelgewendeltem Zwischenteil**
- **n) Rechts gewinkelte Stiege mit halbgewendeltem Zwischenteil**

Durch die Wahl einer bestimmten Grundrissform ist bei gleicher Stufenanzahl und damit gleicher Lauflänge der Flächenbedarf des Treppenlaufes zwar kaum unterschiedlich, der Bedarf der gesamten Treppenanlage inklusive Podesten, An- und Austrittsbereichen kann jedoch fast das Doppelte der Mindestfläche erreichen.

Abbildung 100.2-02: Flächenbedarf von Treppen

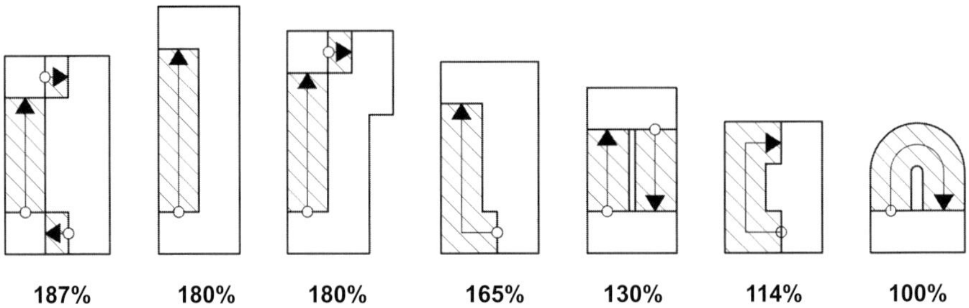

100.2.2 STEIGUNGSVERHÄLTNIS

Der wichtigste Parameter der Treppe ist das Steigungsverhältnis – das Verhältnis Stufenhöhe *h* zur Auftrittsbreite *a*. Aufgrund von Untersuchungen hinsichtlich der Bequemlichkeit und des Energieverbrauches entstanden Maßregeln für das Steigungsverhältnis als Grundlage für die Konstruktion. Die wichtigste Formel zur Festlegung ist die so genannte Schrittmaßregel. Sie beruht auf der mittleren Schrittlänge des Menschen, die im Durchschnitt etwa 70 cm beträgt. Durch die übliche Neigung der Treppen von ca. 30° reduziert sich die Schrittlänge auf 63 cm.

A) Schrittmaßregel: $$2 \cdot h + a = 63\ cm$$

B) Schrittmaßregel nach ÖN B 5371: $$2 \cdot h + a = 62 \pm 3\ cm$$

C) Sicherheitsregel: $$a + h = 46\ cm \qquad (100.2\text{-}01)$$

D) Bequemlichkeitsregel: flache Treppen $h \leq 13$ cm $$a - h = 12\ cm$$

E) Sicherheitsregel: steile Treppen $h \geq 18$ cm $$a = 52 - \frac{3}{4} h \quad oder \quad a = \frac{500}{h}$$

h	Höhe der Stufe	[cm]
a	Auftrittsbreite der Stufe	[cm]

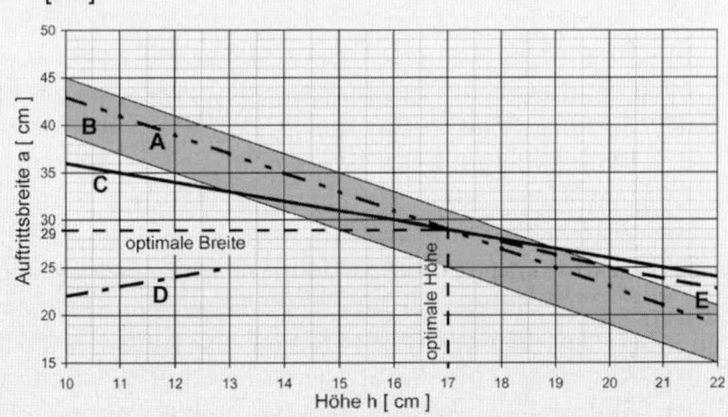

Für sehr kleine und sehr große Steigungen ergeben sich nach der Schrittmaßregel extrem lange bzw. extrem kurze Auftrittsbreiten. In diesen Bereichen erscheint die Sicherheitsregel am geeignetsten. Als *GÜNSTIGSTES STEIGUNGSVERHÄLTNIS* aus der Schrittmaßregel und der Sicherheitsregel ergibt sich: h = 17 cm, a = 29 cm.

Die maximalen Abmessungen für die Stufenhöhe h bzw. die Minimalwerte für die Auftrittsbreite a werden sowohl in der ÖNORM B 5371:2000 [56] als auch in den Baugesetzen festgelegt. Die ÖNORM unterscheidet dabei einerseits nach der Art der Benutzung, andererseits nach Notwendigkeit und Intensität der Benutzung und gibt dementsprechend Werte an. Die Baugesetze hingegen legen nur die Abmessungen für notwendige Verbindungswege fest (siehe Kap. 100.1).

Tabelle 100.2-01: Grenzwerte für Treppenmaße, ÖNORM B 5371:2000 [56]

Treppenarten		**min. nutzbare Treppenlaufbreite** *[cm]*	**max. Stufenhöhe** [2] *[cm]*	**min. Stufenauftritt** [3] *[cm]*
Haupttreppen				
Gebäudetreppen im Freien		120 [1]	16	30
Allgemeine Gebäude-treppen	max. 3 Hauptgeschoße oder mehr als 3 Haupt-geschoße mit Aufzug	120 [1]	18	27
	mehr als 3 Hauptge-schoße ohne Aufzug	120 [1]	16	30
Wohnungstreppen		90	20	24
Nebentreppen		60	21	21

[1] Die nutzbare Treppenlaufbreite bezieht sich auf eine Personenanzahl ≤ 120
[2] ≥ 12 cm
[3] ≥ 37 cm, auf der Lauflinie gemessen

Tabelle 100.2-02: Stufenabmessungen nach der Schrittmaßregel

Geschoßhöhe *[mm]*	**Stufenanzahl** *[Stück]*	**Stufenhöhe h** *[mm]*	**Auftrittsbreite a** *[mm]*	**Lauflänge** *[mm]*
1200	7	171	287	1723
1300	8	163	305	2135
1400	8	175	280	1960
1500	9	167	297	2373
1600	9	178	274	2196
1700	10	170	290	2610
1800	11	164	303	3027
1900	11	173	285	2845
2000	12	167	297	3263
2100	12	175	280	3080
2200	13	169	292	3498
2300	13	177	276	3314
2400	14	171	287	3733
2500	14	179	273	3547
2600	15	173	283	3967
2700	16	169	293	4388
2800	16	175	280	4200
2900	17	171	289	4621
3000	17	176	277	4433
3100	18	172	286	4854
3200	18	178	274	4666
3300	19	174	283	5087
3400	19	179	272	4898
3500	20	175	280	5320
3600	20	180	270	5130

Aufgrund bestimmter Gegebenheiten wie vorgegebener Grundrissformen kann es unter Umständen auch nötig sein, eine höhere oder niedrigere Stufenanzahl zu wählen. Dem entsprechend verändern sich dann die in Tabelle 100.2-02 angegebenen Abmessungen.

Die maximale Länge eines Treppenlaufes ist in den Baugesetzen geregelt. Bei langen Treppenläufen ist nach 15 bis maximal 20 Steigungen (Stufenhöhen) ein Ruhepodest anzuordnen. Die Podesttiefe *t* kann durch Annahme von n = 1,2,3, ... innerhalb der Bemessungsregel variabel gehalten werden.

$$t = 2 \cdot \frac{a}{2} + n \cdot \textit{Schrittlänge} \quad \Rightarrow \quad t = a + n \cdot (2 \cdot h + a) \qquad (100.2\text{-}02)$$

t Podesttiefe [cm]

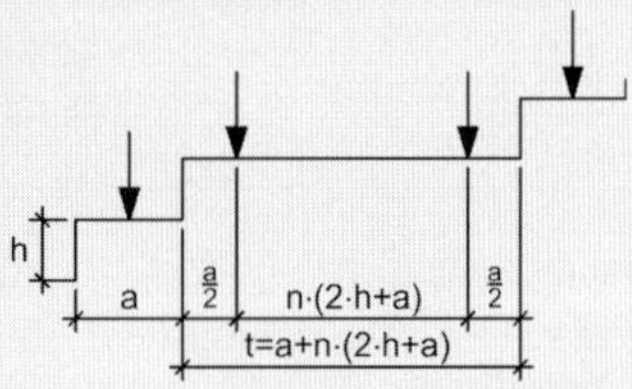

Speziell im Bereich der Treppenaustritte sind zur sicheren Benützung Mindestabstände von Türen einzuhalten. Vor Türen, die gegen die Stufenvorderkante öffnen oder gegenüber dem Treppenaustritt liegen, muss eine Podesttiefe von mindestens der Türflügelbreite zuzüglich 80 cm vorgesehen werden. Bei Türen, die nicht gegen die Stufenvorderkanten bzw. normal zur Lauflinie öffnen, reicht ein Abstand von 40 cm aus.

Abbildung 100.2-03: Freie Podesttiefe vor Türen [56]

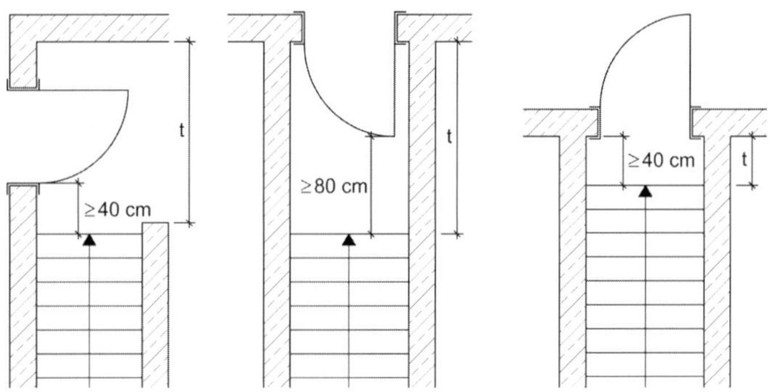

Abbildung 100.2-04: Treppenbezeichnungen in Abhängigkeit der Steigung

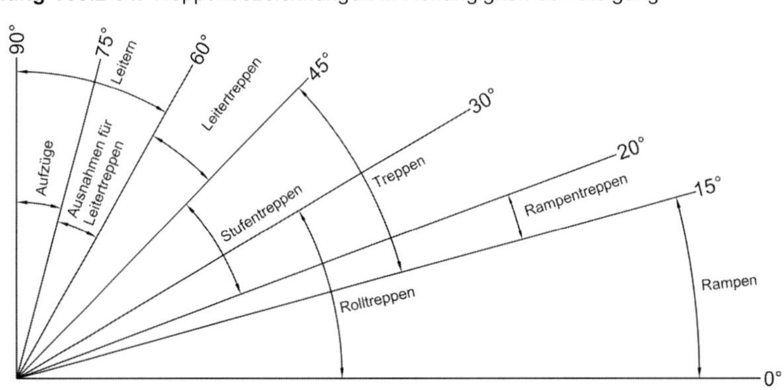

Bei Dachbodentreppen mit einem höheren Steigungsverhältnis kann auch die Ausführung einer Spartreppe (Sparstiege), die abwechselnd bis zu halbseitig gekürzte Auftrittsflächen aufweist, oder einer Leitertreppe erfolgen (Bilder 100.2-16, 100.4-01 und 02).

Abbildung 100.2-05: Leitertreppe, Spartreppe

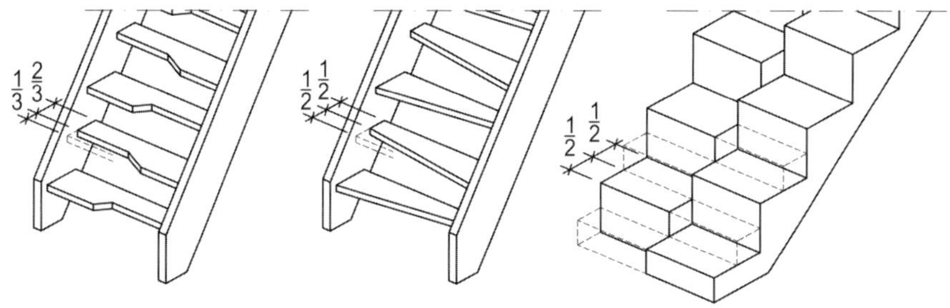

Bei der Dimensionierung von Viertel- oder Halbpodesten ist grundsätzlich die volle Durchgangsbreite des Treppenlaufes einzuhalten. Zusätzlich empfiehlt es sich auch, auf den Transport von Möbeln oder Krankentragen Rücksicht zu nehmen und gegebenenfalls eine größere Podesttiefe vorzusehen.

Abbildung 100.2-06: Materialtransporte im Podestbereich

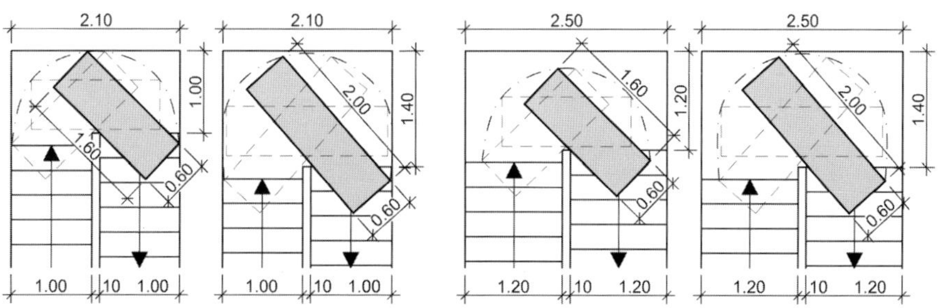

100.2.3 KNICKLINIE

Die Lauflänge geradläufiger Treppen bemisst sich nach der Anzahl der Steigungen und der Auftrittsbreite. Da das Podest den letzten Auftritt bildet, ist die Anzahl der Auftritte stets um einen geringer als die Zahl der Steigungen. Will man bei Stahlbetontreppen eine „klare" Podestuntersicht erzielen, so müssen die Knicklinien der Lauf- und Podestplatten durchgehen. Senkrecht über diesen Knicklinien treffen sich auch die Oberkanten des ankommenden und aufsteigenden Handlaufes. Der Abstand der Knicklinien ergibt sich, wenn zur Lauflänge noch zwei halbe Auftritte bzw. ein ganzer Auftritt hinzugezählt werden.

Innerhalb des Abstandes der Knicklinien kann man die Vorderkanten der Stufen an den Podesten entweder übereinander legen (größte Podesttiefe) oder gegeneinander verschieben. Alle diese Maßnahmen haben Konsequenzen sowohl für die Stärke der Podestplatte als auch für die Höhe des Geländers an der Knicklinie. Ist die Ausbildung einer durchlaufenden Knicklinie nicht erforderlich, so ist für die Höhe des Geländers ausschließlich die Lage des An- und Austrittes und des Spindelraumes maßgebend (Bilder 100.2-28 bis 36).

Beispiel 100.2-01: Variante A: Antritt über Knicklinie, Austritt eine Stufe versetzt

Liegt die Vorderkante der Stufe des aufsteigenden Laufes über der Knicklinie, so liegt die Oberkante des Handlaufes 100 cm (Geländerhöhe) + 1 Stufenhöhe hoch. Das Geländer ist damit am Treppenauge sehr hoch, aber die Stärke der Podestplatte ist am geringsten.

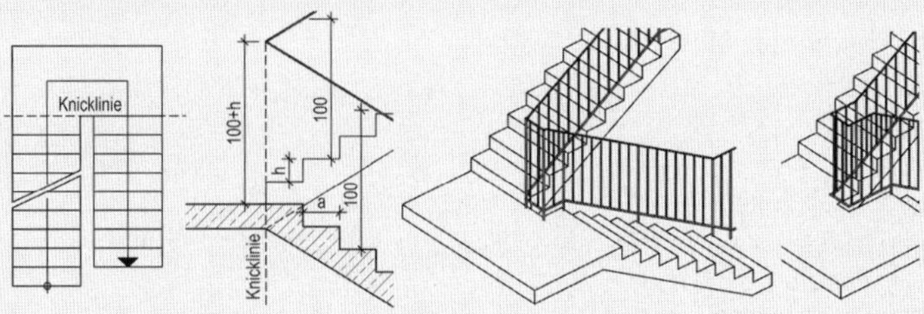

Beispiel 100.2-02: Variante B: An- und Austritt übereinander, Knicklinie $^1/_2$ Stufe versetzt

Liegen die Vorderkanten der beiden Läufe übereinander, so beträgt die Geländerhöhe in der Knicklinie 100 cm + $^1/_2$ Stufenhöhe. Die Podestplatte ist um $^1/_2$ Stufenhöhe stärker als bei Variante A.

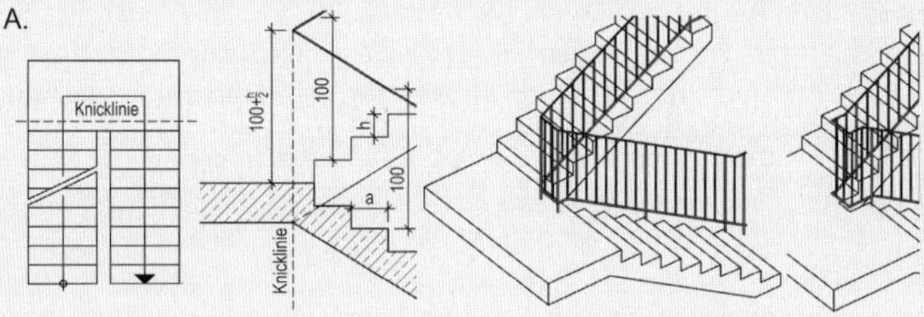

Beispiel 100.2-03: Variante C: Austritt über Knicklinie, Antritt eine Stufe versetzt

Liegt die letzte Steigung des ankommenden Laufes am Podest in der Knicklinie, so wird das Geländer am Podest mit 100 cm am niedrigsten, aber die Podestplatte (ggf. Podestbalken) um eine ganze Stufenhöhe stärker als bei Variante A.

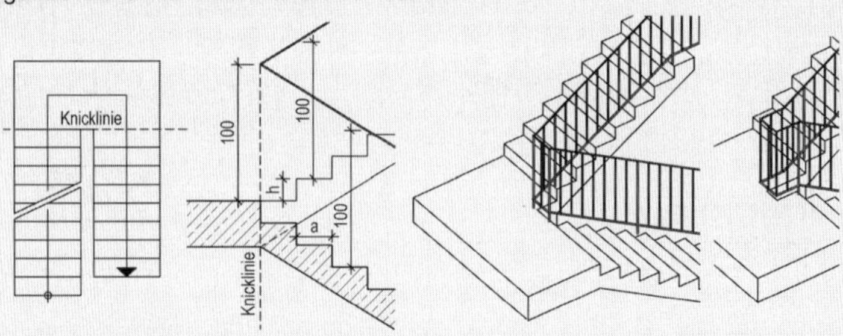

Beispiel 100.2-04: Variante D: An- und Austritt übereinander, Knicklinie beliebig

Die Knicklinie ist an der Untersicht versetzt, die Vorderkanten der beiden Läufe liegen übereinander. Die Podeststärke ergibt sich aus statischen Vorgaben, im grundrisslichen Bereich des Spindelraums weist der Handlauf einen Höhenversprung auf.

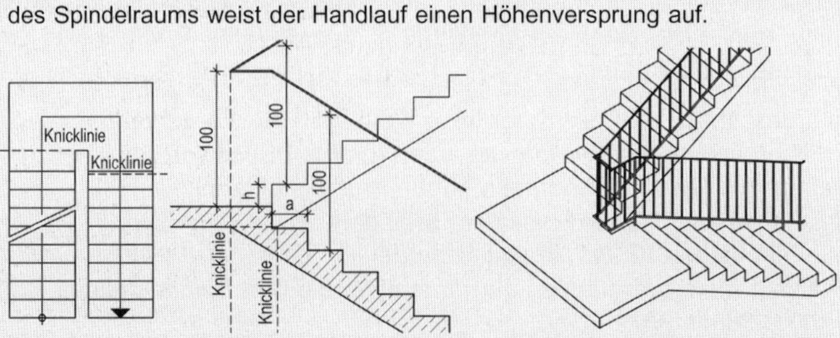

Bei durchlaufender Knicklinie wird meist Variante B ausgeführt. Bei engen Treppen- und Podestverhältnissen wirkt das hohe Geländer am Treppenauge wie bei Variante A beengend, und man wird eher der Variante C den Vorzug geben oder auf eine durchlaufende Knicklinie verzichten.

Beispiel 100.2-05: Stufenausteilung

1) Treppenart: zweimal rechts gewinkelte Stiege mit zwei Läufen und einem Zwischenpodest
2) Geschoßhöhe 2,84 m
3) Annahme Stufenhöhe ~17 cm
4) gerade Stufenanzahl = 284 / 17 = 16,7 → gewählt 16 Steigungen
5) Stufenhöhe h = 284/16 = 17,75 cm
6) Auftrittsbreite a = 63-2 · 17,75 = 27,5 cm → gewählt a = 28 cm
7) Stufenausteilung wählen

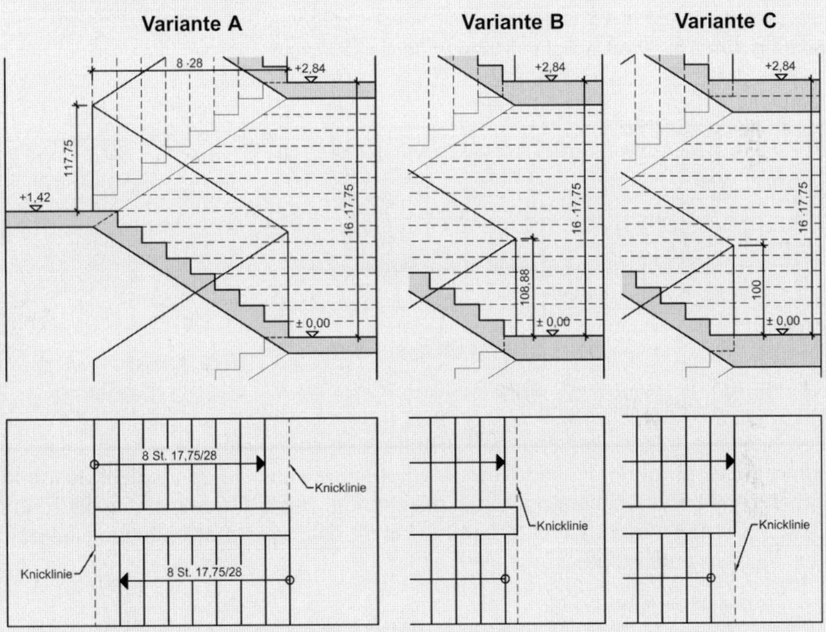

100.2.4 VERZIEHUNG VON STUFEN

Aus fertigungstechnischen und damit auch wirtschaftlichen Gründen werden heute meist geradläufige Treppen gebaut. Gewendelte Ausführungen finden fast nur mehr im Einfamilienhausbau oder aus besonderen architektonischen Erwägungen Verwendung. Zieht man bei gewendelten Treppen die Stufen im Grundriss zum Mittelpunkt der Krümmung, so ergeben sich, falls der Spindelraum oder die Spindel nicht sehr breit sind, an der Innenwange sehr schmale und damit schlecht begehbare Spitzstufen. Von den Bauordnungen wird daher für die Auftrittsbreite der Spitzstufen an der Innenwange ein gewisses Mindestmaß vorgeschrieben (meist 13 cm). Vergrößert man dieses Maß kontinuierlich bis zur Auftrittsbreite in der Lauflinie, so entstehen im Bereich der Wendelung „verzogene“ Stufen (Bilder 100.2-22 bis 27).

Für die Planung von gewendelten Treppen ist es im Wendelungsbereich erforderlich, die Stufen zu verziehen. Die Anzahl der zu verziehenden Stufen kann dabei frei gewählt werden, jedoch ist zu bedenken, dass bei einer zu geringen Anzahl der Übergang von der geraden Treppe zu abrupt erfolgt und für die Benutzer Stolpergefahr besteht. Bei einer zu großen Anzahl verzogener Stufen liegen diese zu schräg zur Wange, wodurch ebenfalls eine schlechte Begehbarkeit und ein optisch unschöner Eindruck entsteht. Bei allen Lösungen sollte zusätzlich versucht werden, dass keine Stufenkante direkt in eine Außenecke läuft.

Als Basis für die Konstruktion der Verziehung ist laut ÖNORM B 5371:2000 [56] die Lauflinie mit dem Regelsteigungsverhältnis 40 cm vom äußeren Treppenrand sowie die Spitzstufe mit mindestens 15 cm Auftrittsbreite in einer Entfernung von 20 cm vom inneren Treppenrand anzunehmen. In allen Landesbauordnungen ist die Lauflinie (Gehlinie) 45 cm vom Außenrand anzusetzen und die geringste Spitzstufenbreite mit 13 cm gegeben.

Abbildung 100.2-07: Planungsgrundlagen Stufenverziehung

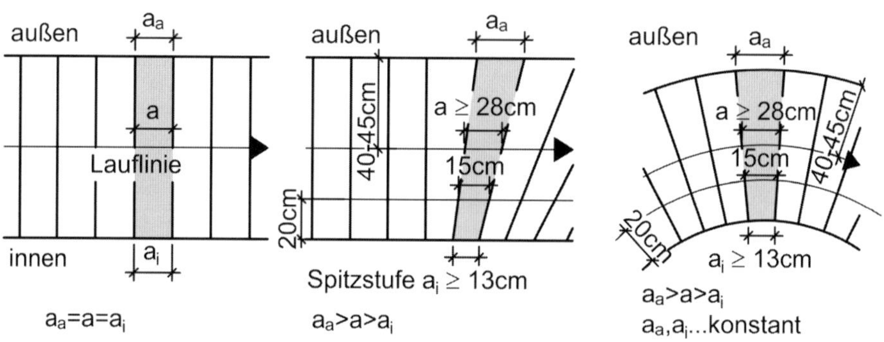

Hinsichtlich der Art der Verziehung der Stufen bestehen keine Vorschreibungen, und es kann zwischen den nachfolgenden Methoden gewählt werden, wobei ausgenommen bei der Abwicklungsmethode nur die grundrissliche Gestaltung in die Planung eingeht. Bei allen Methoden ist als erster Schritt das errechnete Steigungsverhältnis in der Lauflinie aufzutragen.

- Abwicklungsmethode,
- Evolventenmethode,
- Proportionalitätsteilung,
- Halbkreismethode,
- rechnerische Methode.

100.2.4.1 ABWICKLUNGSMETHODE

Die Abwicklungsmethode kann für eine beliebige Wendelung angewendet werden. Die eigentliche Abwicklungskonstruktion erfolgt im Aufriss, wo die Innenwange aus dem Grundriss und den Stufenhöhen anzuwickeln ist. Dazu werden die festgelegten geraden Stufen und die abgewickelte Wangenlänge aufgetragen. Nach dem Verbinden der Punkte a und e mit an die geraden Stufen tangierenden Kreisbögen erhält man die ausgeglichene Steigungslinie der gewendelten Stufen. Die Vorderkanten der Stufen ergeben sich in den Schnittpunkten der Stufenhöhen mit der Steigungslinie. Damit sind die Auftrittsbreiten der Spitzstufen an der Innenwange bekannt, und die Maße sind in den Grundriss übertragbar.

Abbildung 100.2-08: Stiegenverziehung – Abwicklungsmethode mit 90°-Wendelung

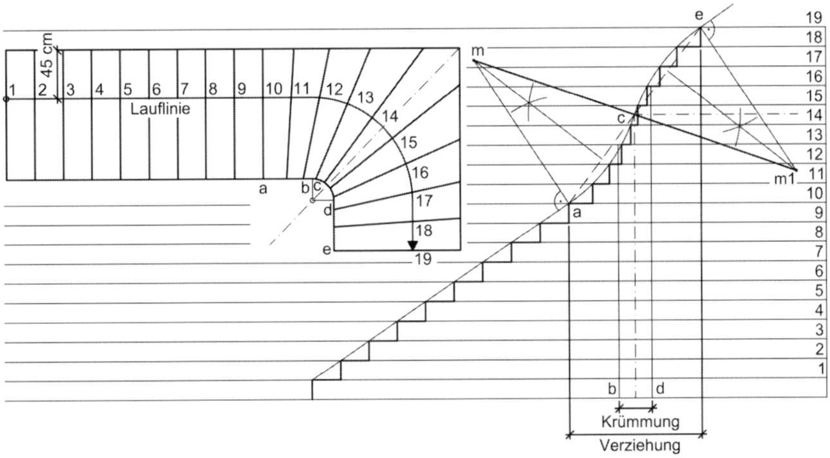

Beispiel 100.2-06: Ablauf Stufenverziehung Abwicklungsmethode 90°-Wendelung

1) Lauflinie einzeichnen und mit der Regelstufenbreite unterteilen.
2) Zwischen den geraden Stufen 10-19 sollen neun Wendelstufen angeordnet werden.
3) Die Innenwange wird im Aufriss abgewickelt und die erforderlichen Stufenhöhen eingetragen.
4) Die Steigungslinien 9-10 und 19-20 werden eingezeichnet, und zwischen 10 und 19 wird eine S-förmige Linie aus zwei Kreisbögen, die an die Steigungslinien tangieren, konstruiert. Die Mittelpunkte (m, m1) erhält man durch Schneiden der Streckensymmetralen von a-c bzw. c-e mit der Normalen zu den Steigungslinien in den Punkten 10 bzw. 19.
5) Die Schnittpunkte der Höhen mit der s-förmigen Steigungslinie ergeben die Kanten der Stufen.
6) Die Stufenvorderkanten werden aus der Abwicklung im Aufriss in den Grundriss übertragen.
7) Die Punkte auf der Innenwange, verbunden mit den entsprechenden Punkten auf der Gehlinie, ergeben die gewendelten Stufen.

Abbildung 100.2-09: Stiegenverziehung – Abwicklungsmethode mit 180°-Wendelung

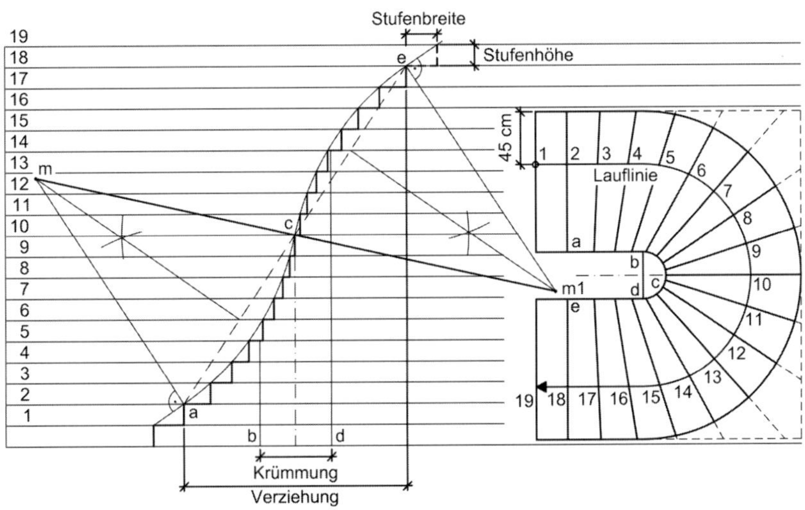

100.2.4.2 EVOLVENTENMETHODE

Die Stufenverziehung erfolgt hier nur im Grundriss und basiert auf der mathematischen Beziehung einer Abwicklungskurve (Evolvente), wobei nicht die eigentliche Evolvente, sondern nur die mit den Trittkanten identen Tangenten ermittelt werden. Für die Konstruktion ist vorerst die Festlegung des Bereichs der geraden Stufen und der kleinsten Spitzstufenabmessung erforderlich. Die jeweiligen Abschnitte der in der Krümmung liegenden Trittkanten (x, y) ergeben dann als Verbindung mit den vorgegebenen Punkten auf der Lauflinie die verzogenen Stufen.

Abbildung 100.2-10: Stiegenverziehung – Evolventenmethode 90°-, 180°-Wendelung

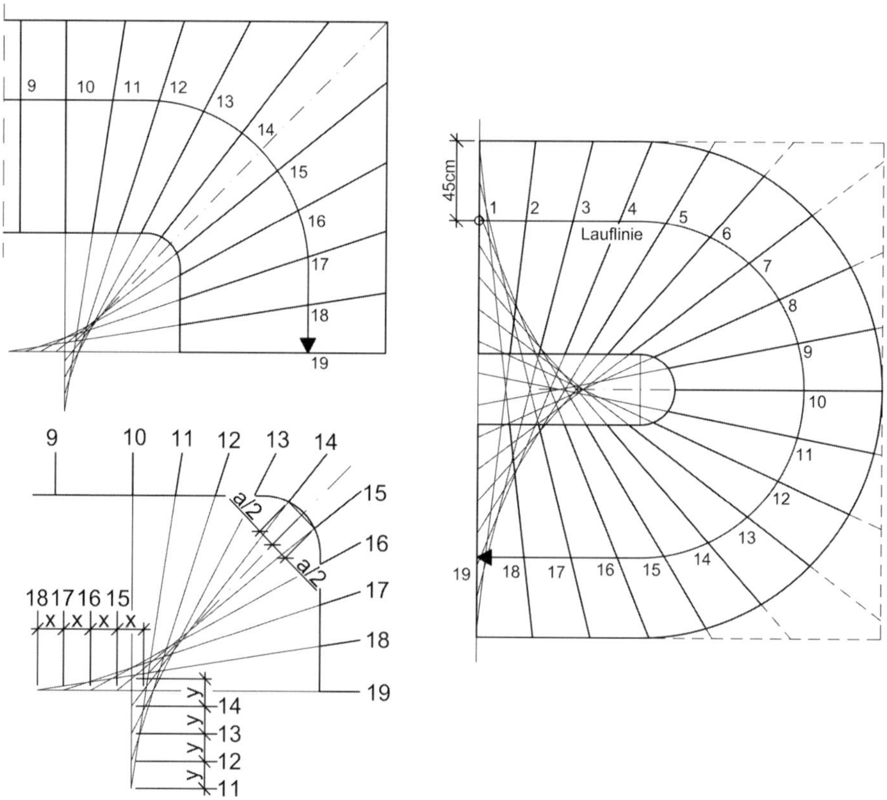

Beispiel 100.2-07: Ablauf Stufenverziehung Evolventenmethode 90°-Wendelung

1) Lauflinie einzeichnen und mit der Regelstufenbreite unterteilen.
2) Annahme: Die Achse der Stufe 14 soll durch die Mauerecke gehen.
3) An der inneren Wange wird von dieser Achse jeweils a/2 aufgetragen (a ≥13 cm).
4) Diese Punkte, mit den Punkten 14 und 15 auf der Lauflinie verbunden, ergeben die Verziehung der Eckstufe.
5) Die Verlängerung dieser Kanten ergeben auf der Verlängerung der letzten bzw. ersten geraden Stufe die Strecken x bzw. y.
6) x und y sind in der jeweiligen Richtung so oft aufzutragen, als zu verziehende Stufen vorhanden sind, und dann die Punkte mit den entsprechenden Punkten auf der Lauflinie zu verbinden.

100.2.4.3 PROPORTIONALITÄTSTEILUNG

Bei proportionaler Teilung kann nach Literaturangaben zwischen gerader und ungerader Stufenanzahl unterschieden werden, wobei die zu Grunde gelegte Theorie auf einer proportionalen Teilung der nach Abzug der Stufenbreiten in der Spindel zwischen Spindel und Verziehungsende verbleibenden Wangenlänge beruht. Die sich auf der Krümmungsachse ergebende Strecke wird im Verhältnis 1:2:3:4: ... :n in so viele Abschnitte geteilt, wie Spitzstufen vorgesehen sind. Die Orientierung der Trittkanten ergibt sich dann aus der Verbindung dieser Teilungspunkte mit den Stufenbreiten auf der Lauflinie.

Abbildung 100.2-11: Stiegenverziehung – Proportionalitätsteilung 90°-, 180° -Wendelung

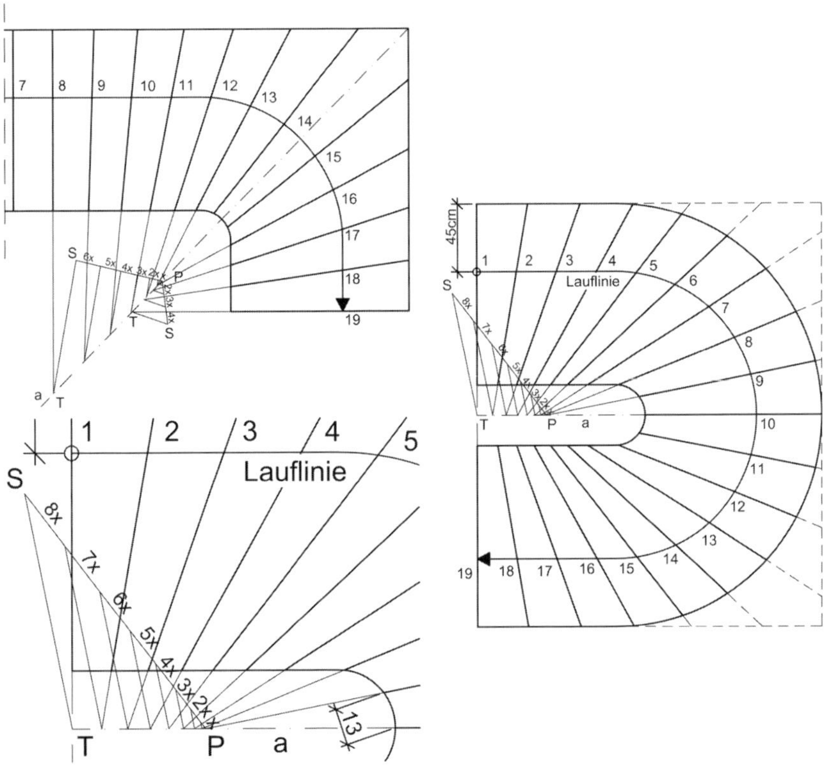

Beispiel 100.2-08: Ablauf Stufenverziehung Proportionalitätsteilung 180°-Wendelung

1) Lauflinie einzeichnen und mit der Regelstufenbreite unterteilen.
2) Mindeststufenbreite an der Spindel (13 cm) auftragen und mit den entsprechenden Punkten auf der Lauflinie verbinden. In der Verlängerung dieser Stufen ergibt sich Punkt P.
3) Zeichnen einer Hilfsgeraden durch Punkt P im beliebigem Winkel zur Achse a. Auf dieser Geraden werden n Abschnitte mit den Längen x, 2x, 3x,...nx (n = Anzahl zu verziehender Stufen) aufgetragen.
4) Der Endpunkt S wird mit dem Schnittpunkt der letzen geraden Stufe mit der Stiegenachse verbunden (Punkt T).
5) Die Gerade $\overline{ST}$ wird nun parallel durch die Teilungspunkte auf der Hilfsgeraden $\overline{SP}$ verschoben und mit der Achse a geschnitten.
6) Die Schnittpunkte auf der Achse a, mit den entsprechenden Punkten auf der Lauflinie verbunden, ergeben die Stufenteilung.

100.2.4.4 HALBKREISMETHODE

Ähnlich der Proportionalitätsmethode erfolgt bei der Halbkreismethode (eigentlich wird nur ein Viertelkreis benötigt) die Abtragung von Abschnitten auf einem Kreisbogen, die dann auf die Achse projiziert werden und so eine kontinuierlich steigende Teilung auf der Krümmungsachse ergeben.

Abbildung 100.2-12: Stiegenverziehung – Halbkreismethode 90°-, 180° -Wendelung

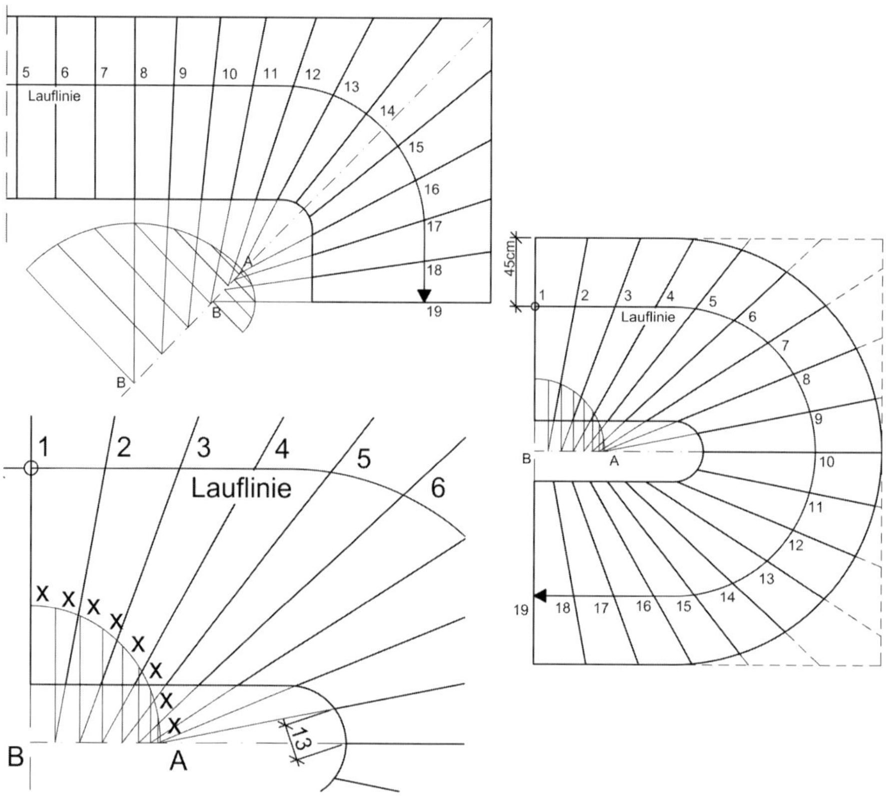

Beispiel 100.2-09: Ablauf Stufenverziehung Halbkreismethode 180°-Wendelung

1) Lauflinie einzeichnen und mit der Regelstufenbreite unterteilen.
2) Mindeststufenbreite an der Spindel (13 cm) auftragen und mit den entsprechenden Punkten auf der Lauflinie verbinden. In der Verlängerung dieser Stufenkanten ergibt sich Punkt A. Punkt B liegt auf der Verlängerung der letzten geraden Stufekante geschnitten mit der Achse.
3) Der Viertelkreisbogen um B mit dem Radius $r = \overline{AB}$ wird in so viele Teile x geteilt, als Stufen verzogen werden.
4) Die Teilungspunkte auf dem Kreisbogen werden parallel zur letzen geraden Stufe zur Achse gelotet und mit den entsprechenden Punkten auf der Lauflinie verbunden.

100.2.4.5 RECHNERISCHE METHODE

Bei der rechnerischen Methode werden die Spitzstufenbreiten mathematisch ermittelt und ebenfalls nur im Grundriss abgetragen. Die jeweiligen Anteile der Spitzstufenabmessungen resultieren dabei aus der Mindestauftrittsbreite und einer im Verhältnis von 2^n aufgeteilten Restlänge.

Abbildung 100.2-13: Stiegenverziehung – rechnerische Methode 90°-,180°-Wendelung

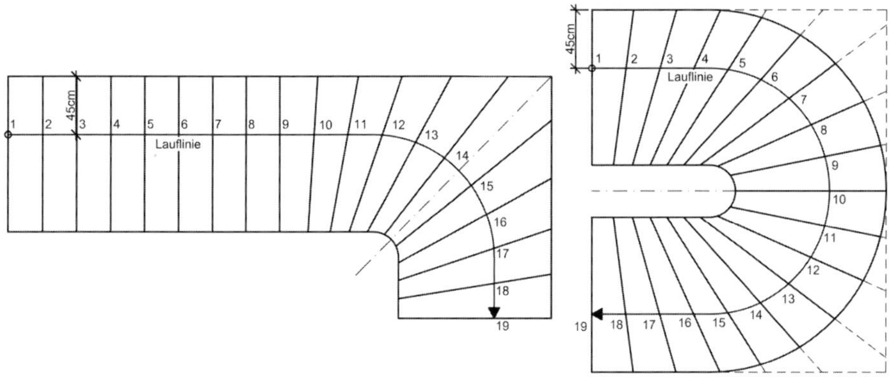

Beispiel 100.2-10: Stufenverziehung rechnerische Methode 180°-Wendelung

1) Lauflinie einzeichnen und mit der Regelstufenbreite unterteilen.
2) Annahme der zu verziehenden Stufen (z.B.: 8 Auftrittsbreiten)
3) Ermittlung der Spindellänge im Bereich der zu verziehenden Stufen (der 9. Stufenauftritt wird mit der Mindestbreite von 13 cm angenommen). r = halbe Spindel $L = r \cdot \pi/2 = 20 \cdot \pi/2 = 31{,}42$ cm (Beispiel: 93,77 + 31,42–13,0 = 112,19 cm)
4) Ermittlung der Differenz (112,19-104,00 = 8,19 cm) zwischen vorhandener Spindellänge (= 112,19 cm) und der Mindestspindellänge (= 8 · 13 = 104 cm), die geometrisch steigend aufzuteilen ist. Die Summe der Anteile ergibt sich mit 1+2+4+8+16+32+64+128 = 255

Stufe 1:	13 + 128 · 8,19/255 = 17,11 cm
Stufe 2:	13 + 64 · 8,19/255 = 15,05 cm
Stufe 3:	13 + 32 · 8,19/255 = 14,03 cm
Stufe 4:	13 + 16 · 8,19/255 = 13,51 cm
Stufe 5:	13 + 8 · 8,19/255 = 13,26 cm
Stufe 6:	13 + 4 · 8,19/255 = 13,13 cm
Stufe 7:	13 + 2 · 8,19/255 = 13,06 cm
Stufe 8:	13 + 1 · 8,19/255 = 13,03 cm
Stufe 9:	13 + 0 · 8,19/255 = 13,00 cm

100.2.4.6 VERGLEICH VERZIEHUNGSMETHODEN

Vergleicht man die angeführten Verziehungsmethoden, ist festzustellen, dass bei den grafischen Verfahren einerseits ein relativ großer Zeichenaufwand entsteht und andererseits nicht sicherzustellen ist, dass die vorgegebene Mindestauftrittsbreite am Spitzende auch eingehalten wird. Eine Vorgabe der Stufenauftrittsbreite im Verziehungsbereich ist beispielsweise bei der Abwicklungsmethode gar nicht möglich. Sowohl bei der Evolventenmethode als auch bei der Proportionalitätsteilung und der Halbkreismethode können sich bei größeren Spindelraumbreiten auch wieder Verkürzungen in den Auftrittsbreiten ergeben. Hier wäre dann zu empfehlen, die Mindestauftrittsbreite mehrmals bis in den geraden Stufenbereich aufzutragen und erst anschließend eine methodenkonforme Teilung des geraden Wangenbereiches vorzunehmen. Bei allen Methoden ist darauf zu achten, dass der eigentliche Grundsatz eines kontinuierlichen Überganges von der geraden Stufe in die verzogene Stufe beachtet, d.h. dass der Verziehungsbereich entsprechend lang gewählt wird.

Tabelle 100.2-03: Vergleich Verziehungsmethoden – 90°-Wendelung Spindelbereich

Stufe	Abwicklungs-methode Breite [cm]	Evolventen-methode Breite [cm]	Proportionalitäts-teilung Breite [cm]	Halbkreis-methode Breite [cm]	Rechnerische Methode Breite [cm]
1–7	27,00	27,00	27,00	27,00	27,00
8	27,00	27,00	24,52	23,71	27,00
9	27,00	27,00	22,29	22,35	22,35
10	22,30	15,45	19,55	20,08	17,67
11	16,00	14,19	16,57	17,05	15,34
12	11,73	13,86	14,60	14,63	14,17
13	8,76	13,00	13,00	13,00	13,58
14	7,39	13,00	13,00	13,00	13,00
15	8,76	13,00	13,00	13,00	13,27
16	11,73	13,85	13,25	13,33	13,55
17	16,00	14,18	14,24	14,47	14,10
18	22,30	15,44	16,43	16,25	15,19

Tabelle 100.2-04: Vergleich Verziehungsmethoden – 180°-Wendelung Spindelbereich

Stufe	Abwicklungs-methode Breite [cm]	Evolventen-methode Breite [cm]	Proportionalitäts-teilung Breite [cm]	Halbkreis-methode Breite [cm]	Rechnerische Methode Breite [cm]
1	27,00	18,23	13,99	12,98	17,11
2	23,50	16,74	12,96	12,70	15,05
3	18,50	14,83	11,90	12,15	14,03
4	14,90	12,68	11,00	11,52	13,51
5	12,20	12,10	11,43	11,93	13,26
6	10,15	12,81	13,63	13,95	13,13
7	8,09	14,12	20,80	20,75	13,06
8	6,23	10,48	15,99	15,81	13,03
9	4,45	13,00	13,00	13,00	13,00
10	4,45	13,00	13,00	13,00	13,00
11	6,23	10,48	15,99	15,81	13,03
12	8,09	14,12	20,80	20,75	13,06
13	10,15	12,81	13,63	13,95	13,13
14	12,20	12,10	11,43	11,93	13,26
15	14,90	12,68	11,00	11,52	13,51
16	18,50	14,83	11,90	12,15	14,03
17	23,50	16,74	12,96	12,70	15,05
18	27,00	18,23	13,99	12,98	17,11

100.2.4.7 WENDELTREPPEN

Wendel- und Spindeltreppen stellen Sonderkonstruktionen von Treppen dar, bei denen die Lauflinie der Trittstufen in Schraubenlinienform um eine lotrechte Mittelachse geführt wird. Bei einer Spindeltreppe ist diese Mittelachse durch eine statisch wirksame Säule repräsentiert, in die die Einzelstufen einbinden. Bei der echten Wendeltreppe ist die Mittelachse ausgespart, der Spindelraum ist dadurch offen. Die Stufen laufen, von Wangen oder Holmen getragen, nicht bis zum Zentrum der Treppe durch. Der Abstand der Stufen zur Treppenachse entspricht dem Radius des Treppengangs. Im allgemeinen Sprachgebrauch werden sowohl Spindeltreppen als auch Wendeltreppen als „Wendeltreppen" bezeichnet.

Die häufigste Ausführung dieses Treppentyps, der hauptsächlich als Nebentreppe Verwendung findet, ist die Platz sparende Spindeltreppe. Die Lauflinie, in der das Steigungsverhältnis aller Treppen gemessen wird, erstreckt sich bei geraden Treppen in der Laufmittelachse und bei gewendelten Treppen je nach Bauordnung 40 bis 50 cm vom Außengeländer (oder Außenhandlauf) entfernt. Bei Wendel- und Spindeltreppen ist die Lauflinie 25 bis 35 cm vom Außenhandlauf (je nach Treppendurchmesser) anzunehmen. Dieser Wert stellt ein Erfahrungsmaß dar, da der entsprechende Abstand vom Benutzer einer derartigen Treppe unwillkürlich eingehalten wird. Die Auftrittsbreiten nehmen von der Spindel bis zur Umfangslinie zu und sollten entweder an der Spindel bzw. in einem Abstand von 15 cm vom Innenhandlauf das Mindestmaß von 10 bis 13 cm aufweisen. Bei Wendeltreppen mit voller Spindel werden die Stufen auch manchmal ausgeeckt, um die Spindel dann freier erscheinen zu lassen.

Ein weiteres Maß beim Entwurf von Schraubenlinienstiegen stellt der Einzelverdrehungswinkel dar. Dies ist der Winkel zwischen Vorder- und Hinterkante einer Stufe oder der Winkel zwischen den Vertikalprojektionen der Vorderkanten zweier aufeinander folgender Stufen. Der Gesamtverdrehungswinkel ergibt sich dann aus der Summe der Einzelverdrehungswinkel. Nachdem bei einem Gesamtverdrehungswinkel über 360° der Stiegenaustritt über dem Antritt zu liegen kommt, wird dadurch auch die Durchgangshöhe der Stiege beeinflusst, wodurch auch Vorgaben für die Stufenhöhe resultieren.

Abbildung 100.2-14: Wendeltreppen

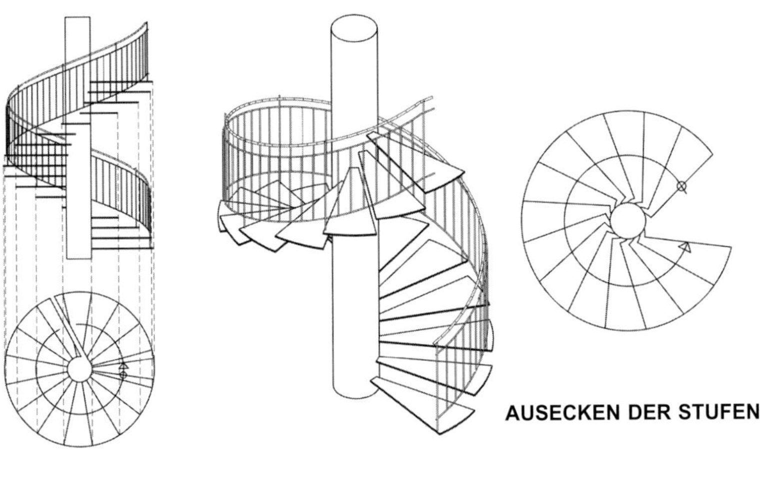

100.2.5 STATISCHE SYSTEME

Die statischen Systeme, die einer Treppenbemessung zugrunde liegen, sind in Abhängigkeit der verwendeten Materialien zu sehen. Im Allgemeinen ist zwischen Träger- und Plattensystemen zu unterscheiden. Sonderformen eingespannter Stufen, Einholmtreppen oder Spindeltreppen ergänzen die Konstruktionssysteme.

Abbildung 100.2-15: Auflagerungsmöglichkeiten von Treppen

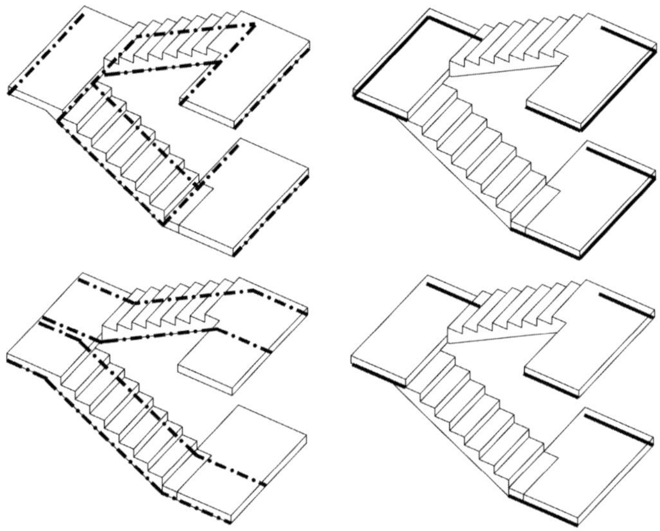

100.2.5.1 LASTANNAHMEN

Die Belastungsannahmen für die Nutzlasten von Treppen wurden in Österreich durch die ÖNORM B 4012 [52] festgelegt, seit 01.12.2003 gilt die ÖNORM EN 1991-1-1 [67] in Verbindung mit der ÖNORM B 1991-1-1 [49]. Je nach Nutzung und Gebäudetyp ist mit einer Flächenlast q_k von 3,0 bis 6,0 kN/m^2 bzw. einer an der ungünstigsten Stelle wirkenden Einzellast Q_k zu rechnen. Diese Lastannahmen gelten gleicherweise für Treppenläufe wie auch Podeste. Achtzugeben ist allerdings auf die unterschiedlichen Lastbereiche, die sich aus den verschiedenen Eigengewichten der Lauf- und Podestplatten ergeben.

Tabelle 100.2-05: Nutzlasten auf Treppen, Gängen und Podesten [49, 52, 67]

Nutzungsart	Kategorie	q_k *[kN/m²]*	Q_k *[kN]*
Wohngebäude, Hotels, Heime etc.	A1	3,0	2,0
Bürogebäude, Werkstätten, Kindergärten, Hallenbäder etc.	C3.1	4,0	4,0
Schulen, Kasernen, Gaststätten, Verkaufsgebäude etc.	C3.2	5,0	5,0
Gebäude mit Menschenansammlungen	C5	6,0	4,0
Nicht überdachte Anlagen: mindestens der Wert der Regelschneelast zuzüglich		0,5	–

100.2.5.2 KONSTRUKTIONEN OHNE FALTWERKWIRKUNG

Einige Treppenkonstruktionen können auf ein System idealisierter Stabtragwerke zurückgeführt werden. Das Grundsystem für die statische Berechnung einer beiderseits gelenkig gelagerten Laufplatte (d.h. die Lasten werden ausschließlich über Biegemomente abgetragen) ist eine einläufige, gerade Treppe ohne Podest. Ihr statisches System entspricht einem Träger auf zwei Stützen. Zur Berechnung projiziert man den Träger (als Stab) entweder in die Horizontale, oder man nimmt die tatsächlichen schräg gemessenen Längen in Verbindung mit den auf diese wirkenden Komponenten der Lasten. Als Spannweiten gelten die Entfernungen der Auflagermitten.

Einwirkungen bezogen auf 1 m^2 Grundrissprojektion:

$$g = \textit{Eigengewicht}/m^2 \qquad q = \textit{Nutzlast}/m^2$$
$$g_v = g/\cos\alpha \qquad q_v = q \tag{100.2-03}$$
$$g_h = 0 \qquad q_h = 0$$

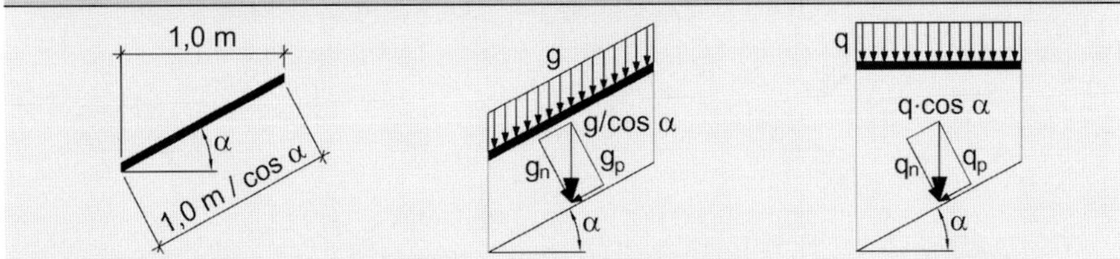

$$g = \textit{Eigengewicht}/m^2 \qquad q = \textit{Nutzlast}/m^2$$
$$g_n = g \cdot \cos\alpha \qquad q_n = q \cdot \cos^2\alpha \tag{100.2-04}$$
$$g_p = g \cdot \sin\alpha \qquad q_p = q \cdot \sin\alpha \cdot \cos\alpha$$

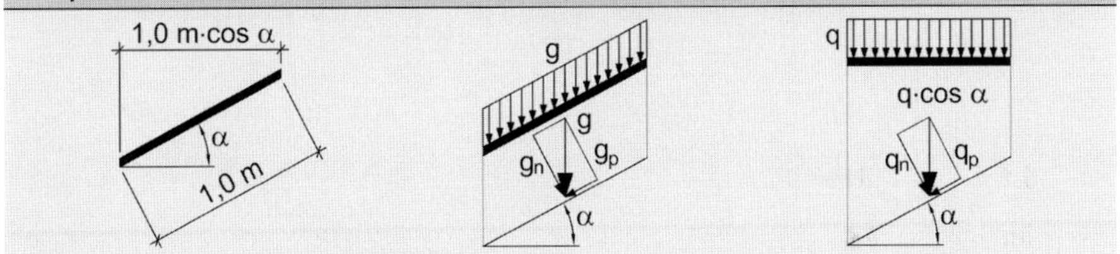

Ortbetontreppen mit durchgehenden Lauf- und Podestplatten können ohne Berücksichtigung der Scheibenwirkung der Podeste vereinfacht als Einfeldträger berechnet werden (System A). Ist die Aktivierung einer horizontalen Unverschieblichkeit der Podeste möglich (Scheibenwirkung), ergibt sich ein Durchlaufsystem, bei dem zusätzlich zur nunmehr stark verminderten Momentenbeanspruchung noch Normalkräfte wirken (System B).

Abbildung 100.2-16: Momentenverlauf und Lastannahmen von Treppen

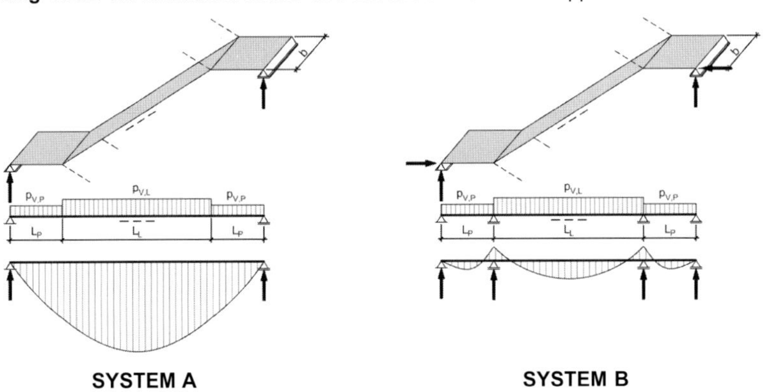

Gerade Treppen mit einem Lauf stellen für die statische Betrachtung eine geneigte Platte oder einen geneigten Träger dar. Die Berechnung erfolgt analog einem Träger auf zwei Stützen. Achtzugeben ist auf die Bestimmung der Auflagerlinie bzw. der Stützweite. Im Betonbau sind es vor allem Treppen mit Fertigteilläufen, die diesem statischen System entsprechen.

Gerade Treppen mit einem Lauf und einem Podest sind, wenn ein Auflager als verschieblich angenommen werden kann, wie ein geknickter Träger zu behandeln. Wichtig ist wiederum die Bestimmung der Auflagerlinie bzw. der Knicklinie, die für die statische Berechnung im Schnitt der Mittellinien (Systemachsen) von Lauf- und Podestplatte entstehen.

Abbildung 100.2-17: Statisch bestimmte Trägersysteme – Laufplatte, Podest

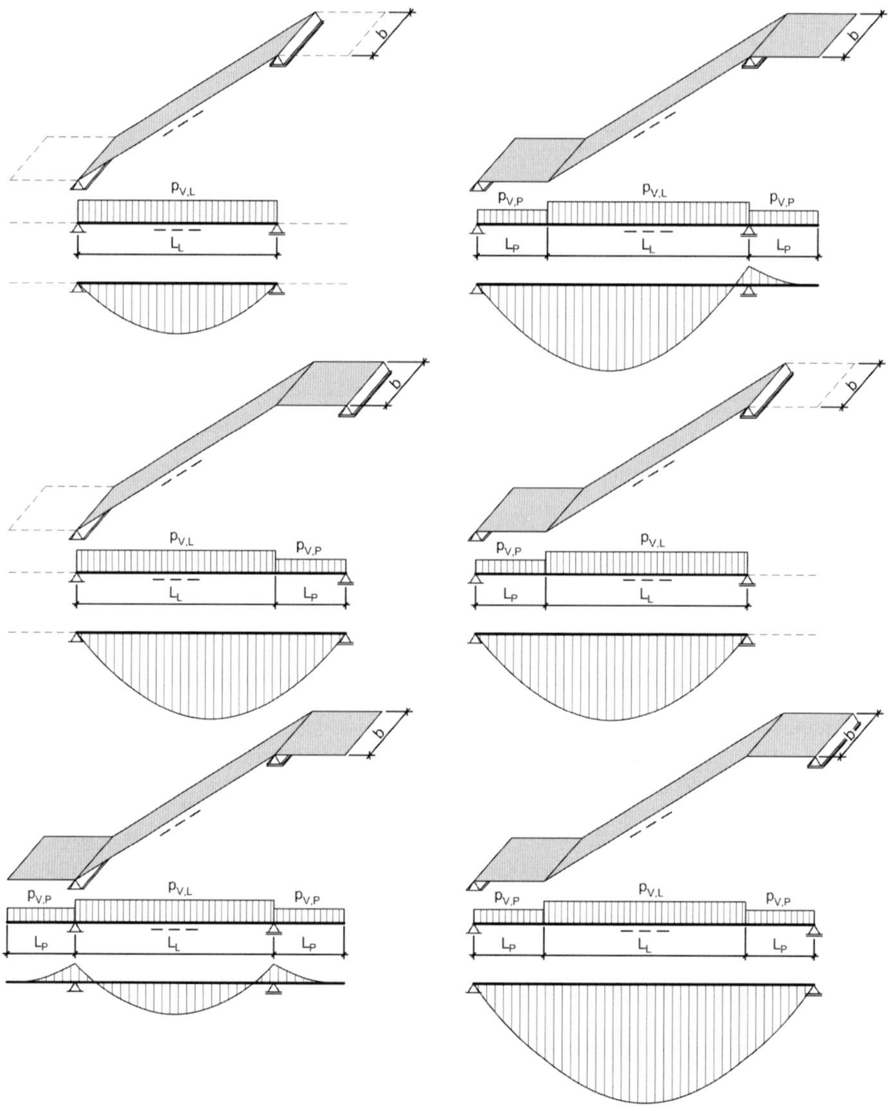

Vertikale Einwirkungen bezogen auf 1 m Podest- und Laufplatte:

$$p_{v,P} = b \cdot (g_P + q_P)$$
$$p_{v,L} = b \cdot (g_L / \cos\alpha + q_L) \qquad (100.2\text{-}05)$$

g_P, q_P	Eigengewicht, Nutzlast Podestplatte	[kN/m²]
g_L, q_L	Eigengewicht, Nutzlast Laufplatte	[kN/m²]
$p_{v,P}, p_{v,L}$	vertikale Einwirkungen Podestplatte, Laufplatte	[kN/m]
b	Podest- bzw. Laufplattenbreite	[m]

Ähnlich verhalten sich ***Treppen mit einem Lauf und zwei Podesten, die an den Enden der Podeste aufgelagert sind***. Unterscheiden sich obere und untere Podestlänge nur unwesentlich, kann für Zwecke der Vorbemessung mit einer mittleren Podestlänge gerechnet werden, was die Rechnung wesentlich vereinfacht.

Einläufige Treppen mit zwei Podesten auf Podestbalken gelagert werden von Unterzügen in den Knickpunkten getragen. Diese Unterzüge ihrerseits liegen entweder auf den Seitenwänden des Treppenhauses oder auf Stützen bzw. einem Spindelpfeiler auf. Einen wesentlichen Nachteil dieses Treppentyps stellt die optisch nicht einwandfreie Lösung der Untersicht dar, weshalb eine derartige Konstruktion nur mehr selten anzutreffen ist.

Es ist noch eine Reihe weiterer Varianten denkbar, die hier angeführten Beispiele sollen lediglich einen Denkanstoß darstellen. Vor allem bei Mehrfeldträgersystemen sind unterschiedliche Lastfälle zur Ermittlung der maximalen Momente in Podest- und Laufplatten zu berücksichtigen.

100.2.5.3 KONSTRUKTIONEN MIT FALTWERKWIRKUNG

Bei Trägersystemen sind die Laufplatte und das Podest nur als Platte beansprucht. Bei Systemen mit Faltwerkwirkung ist neben dieser Beanspruchung auch eine Scheibenwirkung der Tragwerksteile in Rechnung zu stellen. In den Knickpunkten bilden, entsprechende Randbedingungen vorausgesetzt, anschließende Plattenbereiche unterschiedlicher Neigung einen fiktiven Träger, der eine starre bzw. elastische Stützung bewirkt. Die dann auftretenden Momente werden dementsprechend geringer, ändern sogar mitunter ihr Vorzeichen. Diese Betrachtungsweise ist aber nur dann gerechtfertigt, wenn die Laufplatte unverschieblich gelagert ist. Bei der statischen Berechnung sind Scheiben- und Plattenwirkung zu überlagern.

Treppen mit einem Lauf und einem Podest wirken als geknickte Zweifeldplatte. Die statische Behandlung zufolge Plattenwirkung kann also analog zu den Beispielen zuvor erfolgen. Allerdings wird bei der Berechnung zunächst so vorgegangen, als ob das Tragwerk in der Knicklinie durch einen Unterzug unterstützt würde, und es entsteht eine ideelle Auflagerkraft *A*. Zu den sich aus diesem Belastungsfall ergebenden Schnittgrößen der Tragwerksteile müssen dann noch die Schnittgrößen gezählt werden, die sich aus der Belastung des Gesamttragwerkes durch die theoretische Auflagerkraft *A* ergeben. Dabei wird die Scheibenwirkung der Tragwerksplatten aktiviert und eine Aufteilung von *A* in Lastkomponenten, die in den Plattenebenen liegen, durchgeführt.

Abbildung 100.2-18: Faltwerksystem Biegung – Laufplatte und Podest

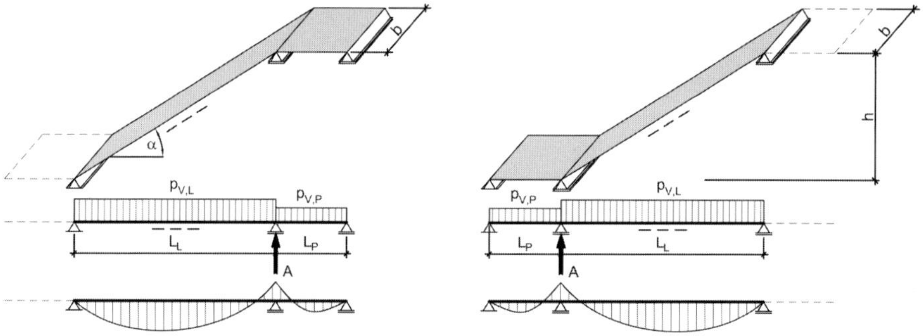

Bei oben liegendem Podest werden beide Plattenteile durch eine Druckkraft belastet, liegt das Podest unten, wirkt auf beide Teile Zug. Im einen Fall stellt sich also ein Sprengwerk, im anderen Fall ein Hängewerk ein.

$$N_L = \frac{A}{\sin\alpha} \qquad N_P = \frac{A}{\tan\alpha} \qquad \tan\alpha = h/L_L$$
$$H_L = \frac{b}{2 \cdot L_L \cdot \tan\alpha} \cdot A \qquad H_P = \frac{L_L}{L_P} \cdot H_L \qquad H = H_L + H_P \tag{100.2-06}$$

N_L	Normalkraft Laufplatte	[kN]
N_P	Normalkraft Podestplatte	[kN]
H_L	Horizontalkraft Laufplatte	[kN]
H_P	Horizontalkraft Podestplatte	[kN]

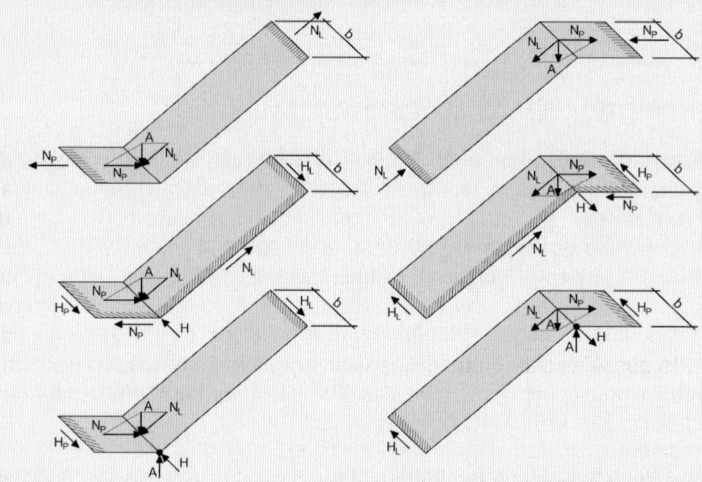

Die Ableitung der in den Plattenebenen wirkenden Scheibenkräfte erfolgt je nach Auflagerung der Treppe:

1. Sind die Auflager an den Enden des Tragwerks unverschieblich, werden dort die Scheibenkräfte aufgenommen.
2. Sind Laufplatte und Podest seitlich in eine Stiegenhauswand eingebunden, werden die Scheibenkräfte zu dieser Seitenwand geleitet. Ein in den Aufla-

gern entstehendes Kräftepaar muss das sich dabei ergebende Versatzmoment aufnehmen. An den Auflagern werden somit die Reaktionskräfte H_L und H_P aktiviert. Längs der Knicklinie wirkt die Kraft H. Bei oben liegendem Podest ist H eine Zugkraft, bei unten liegendem Podest eine Druckkraft. Diese Horizontalkräfte müssen durch die Treppenhauswände aufgenommen werden.

Die Querschnitte an der Knicklinie werden in beiden Fällen mit den Auflagerkräften H und der Längskraft N_L bzw. N_P bemessen. Die Laufplatte bemisst man im ersten Fall mit dem Moment M und der Normalkraft N auf ausmittigen Druck bzw. Zug. Analog dazu ist die Vorgangsweise bei der Podestplatte. Im zweiten Fall kann der Einfluss der Normalkraft meist vernachlässigt werden.

Abbildung 100.2-19: Faltwerksystem Biegung – Laufplatte und zwei Podeste

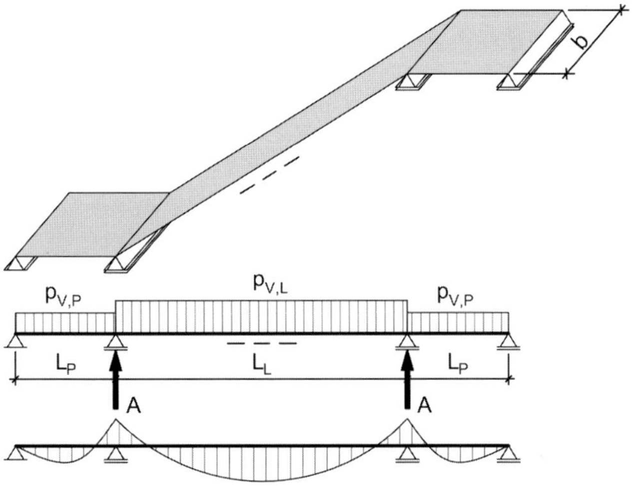

Treppen mit einem Lauf und zwei Podesten sind in ihrer Tragwirkung ähnlich den Treppen mit einem Lauf und zwei Podesten, die an ihren Enden und auf zwei Podestträgern gelagert sind. Die Wirkung der Podestträger wird hier durch die Scheibenwirkung der beteiligten Platten ersetzt. Das System verhält sich wie ein geknickter Dreifeldträger mit zwei gedachten Innenauflagern. Die ideellen Auflagerkräfte, die man an diesen Stellen erhält, teilen sich im Faltwerk in je zwei in die Plattenebenen fallende Komponenten N_L und N_P auf. Damit ergeben sich in der Laufplatte zur Aufrechterhaltung des Gleichgewichtes im oberen Bereich Druck- und im unteren Bereich Zugkräfte. Die Weiterleitung dieser Komponenten erfolgt je nach der Lagerung der Konstruktion:

1. Bei Einbindung in eine tragende Wand werden N_L und N_P in diese Wand übertragen. Die dabei entstehenden Versatzmomente werden durch Kräftepaare aufgenommen. Gebildet werden diese Kräftepaare durch Auflagerkräfte H_P an den Treppenenden und durch Längskräfte an den Knicklinien H. Diese Kräfte müssen von entsprechenden, das Treppenhaus bildenden Bauteilen aufgenommen werden.
2. Ist keine Einbindung in eine Treppenhauswand vorhanden, muss die Auflagerkraft durch seitliche Unterstützungen der Knicklinien abgeleitet werden. Die horizontalen Auflagerkräfte entsprechen jenen vom ersten Fall.

$$H_P = \frac{b}{2 \cdot L_P \cdot \tan\alpha} \cdot A \qquad H = \left(1 + \frac{2 \cdot L_P}{L_L}\right) \cdot H_P \qquad (100.2\text{-}07)$$

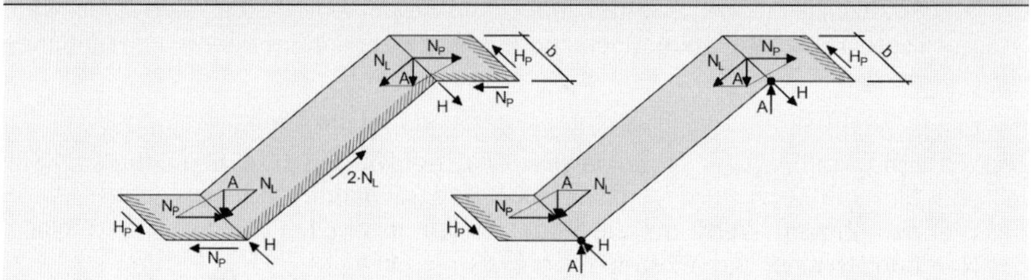

Ein Typ von Treppen, der sehr häufig auftritt und bei dem sich die Berücksichtigung der Faltwerkwirkung besonders günstig auswirkt, sind *zweiläufige Treppen.*

- *Plattenwirkung*: Die Knicklinien werden durch die Scheibenwirkung zu Linienauflagern des Systems. Man kann diese Treppe daher als eine Kombination von zwei einläufigen Treppen mit zwei Podesten, die je vierfach gelagert sind, betrachten.
- *Scheibenwirkung*: Je nach Lagerung von Podest- und Laufplatten auf den Treppenhauswänden sind unterschiedliche Bemessungsfälle zu unterscheiden.

Fall 1: Die Platten sind in die Treppenhauswände eingebunden, die Wände können normal zu ihren Ebenen wirkende Kräfte H_a aufnehmen. Die fiktiven Auflagerkräfte an den Knicklinien werden in die Scheibenkräfte N_P und N_L aufgespalten. Dies führt zu einer Momentenbelastung in den Podesten, die durch entsprechende Kräftepaare H_P an die Seitenwände weitergegeben werden muss. Die Scheibenkräfte N_L in den Laufplatten werden in die Seitenwände des Treppenhauses abgetragen. Die dabei entstehenden Versatzmomente $b \cdot N_L$ werden durch die in Richtung der Knicklinien wirkenden Kräfte H_a aufgenommen.

$$H_P = \frac{(1+\lambda)}{(2+\lambda)} \cdot \frac{A \cdot L_L}{h} \qquad H = \frac{(1+\lambda) \cdot L_L - 2 \cdot L_P}{(2+\lambda) \cdot h} \cdot A$$

$$H_a = \frac{A \cdot b}{h} \qquad \lambda = b_s / b \qquad (100.2\text{-}08)$$

λ Verhältnis der Spindelraumbreite b_s zur Treppenlaufbreite b [–]

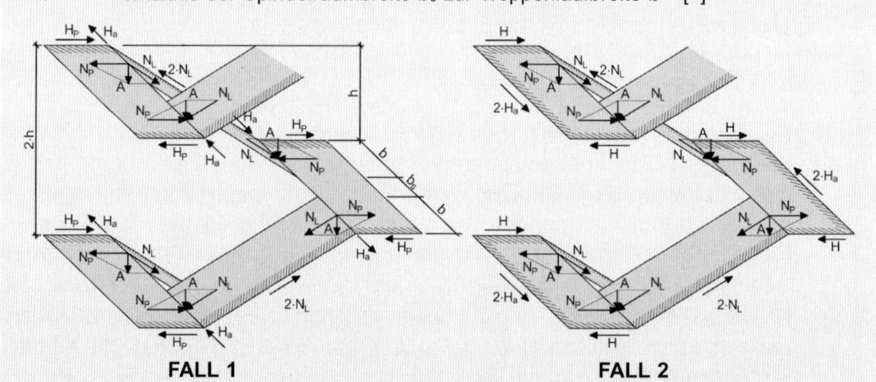

Fall 2: Die Platten sind in die Treppenhauswände eingebunden, die Wände können keine normal zu ihren Ebenen wirkenden Kräfte aufnehmen. Deshalb müssen diese Kräfte durch das Podest zur Treppenhausstirnwand geleitet werden. Es entsteht wiederum ein Versatzmoment, diesmal von der Größe $2 \cdot H_a \cdot L_P$, das durch ein Kräftepaar an den Podestseitenwänden abgeleitet werden muss. Dort überlagert sich dieses Kräftepaar mit den bereits ermittelten Kräften H_P zur Kraft H.

Fall 3: Nur die Podestplatten sind in die seitlichen Treppenhauswände eingebunden, und die Wände können normal zu ihren Ebenen wirkende Kräfte aufnehmen. Wenn nur die Podestplatten in die Treppenhauswände eingebunden sind, ist im Bereich der Knicklinie mit einer fiktiven Auflagerkraft A zu rechnen, die von den Treppenhauswänden aufgenommen werden muss. Ungeachtet dessen erfolgt die Aufteilung dieser Auflagerkräfte A in die Scheibenkräfte N_L und N_P. Auf die Podestplatten wirkt daher ein Moment M_P in ihrer Ebene. Dieses Moment wird analog zu Fall 1 von einem Kräftepaar in den Podestseitenwänden aufgenommen. Die Kräfte N_L werden zu den Unterstützungen am Rand der Knicklinie geleitet, die dort entstehenden Auflagerkräfte spalten sich in einen Vertikalanteil mit der Größe der ideellen Auflagerkraft A und einen Horizontalanteil mit der Größe von N_P. Der Vertikalanteil muss lokal von den Treppenhauswänden aufgenommen werden, der Horizontalanteil überlagert sich mit der Komponente aus dem Podestmoment zu H_P. Da die Kräfte in der Laufplatte aus der Laufachse zu dem Auflager im Bereich der Knicklinie geleitet werden, entsteht wiederum ein Versatzmoment $b \cdot N_L$, das von einem Paar längs der Knicklinie wirkender Kräfte H_K aufgenommen werden muss.

$$M_P = b \cdot (1+\lambda) \cdot \frac{A \cdot L_L}{b} \qquad H_P = \frac{1}{2+\lambda} \cdot \frac{A \cdot L_L}{h}$$

$$H = \frac{(L_L + 2 \cdot L_P)}{(2+\lambda) \cdot h} \cdot A \qquad H_K = \frac{A \cdot b}{h} \qquad (100.2\text{-}09)$$

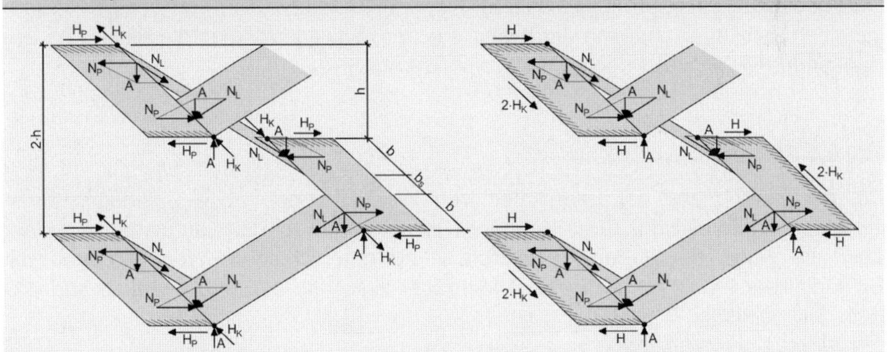

FALL 3 FALL 4

Fall 4: Nur die Podestplatten sind in die Treppenhauswände eingebunden, die Wände können keine normal zu ihren Ebenen wirkenden Kräfte aufnehmen. Wenn H_K nicht von der Stiegenhauswand aufgenommen werden kann, sondern zur Treppenhausstirnwand geleitet werden muss, entsteht ein Versatzmoment von $2 \cdot H_K \cdot L_P$, das durch Kräfte in den Podestauflagern aufgenommen werden muss. Die dabei entstehenden Kräfte überlagern sich mit den zuvor ermittelten zu H.

Für andere Auflagerungsarten der Lauf- und Podestplatten ist im Sinne der dargestellten Beispiele vorzugehen. In vielen Fällen geschieht dies bei komplizierten Lagerungsarten durch den Einsatz räumlicher Finite-Element-Programme.

Vor allem bei mehrgeschoßigen freistehenden Treppenhäusern aus Ziegelmauerwerk ist die Einleitung der Längskräfte aus der Faltwerkswirkung zu beachten. Die Horizontalkräfte sind bei entsprechender Auflast über Reibung ins Mauerwerk einzuleiten.

Abbildung 100.2-20: Statische Wirkungsweise verschieden gelagerter Treppenläufe

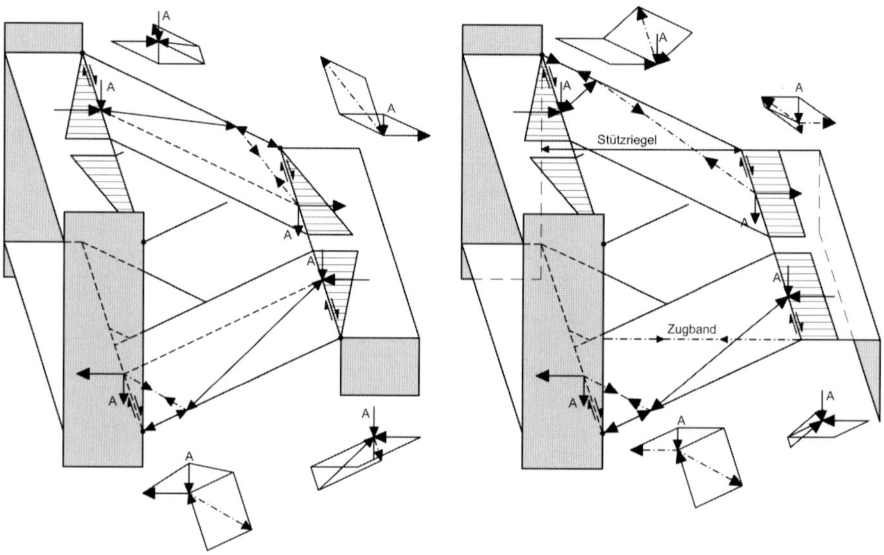

Besonders bei transparent gestalteten Treppenhäusern mit oft nur wenigen Wandscheiben kann zur Aufnahme der Kräfte aus der Faltwerkswirkung die Situierung von Zugbändern oder Stützriegeln erforderlich werden.

100.2.5.4 WENDELTREPPEN

Bei der Berechnung der Laufplatten von Wendeltreppen ohne Spindelpfeiler ist zwischen einer seitlich auf der Treppenhauswand aufliegenden Laufplatte oder einer über die Höhe frei tragenden Laufplatte zu unterscheiden. Wendeltreppen mit Spindelpfeiler errechnen sich als Einfeldträger zwischen der Treppenhauswand und dem Spindelpfeiler.

Gewendelte Treppenläufe

Bei seitlich auf der Treppenhausmauer aufgelagerten, gewendelten Treppen werden die Beanspruchungen p_0 (ständige und veränderliche Einwirkungen) auf den Treppenlauf zum Großteil als Kräfte in Laufrichtung (Membrankräfte) abgetragen und in die tragenden Wände übertragen. Nur ein kleiner Teil der Beanspruchung muss dabei über Biegung aufgenommen werden. Die Rechenansätze [4][8] gehen davon aus, dass am äußeren Rand keine Membranverschiebungen auftreten und am inneren Rand die Kräfte zu Null werden.

$$S = \frac{p_0 \cdot R}{36 \cdot k} \cdot c \cdot \left[3 - 2 \cdot \varepsilon - \frac{m^2}{\varepsilon^2} \cdot (1 + 2 \cdot n)\right]$$

$$N_\varphi = -\frac{p_0 \cdot R}{6 \cdot k} \cdot c \cdot \varphi \cdot \rho \cdot \left(\frac{1}{\varepsilon} - 1\right)$$

$$N_r = \frac{p_0 \cdot R}{12 \cdot k} \cdot c \cdot \frac{\varphi}{\rho}\left[\varepsilon^2 - 2 \cdot \varepsilon + m \cdot (1 + n)\right]$$

$$p = \frac{p_0}{18} \cdot c \cdot \left[\frac{3}{\varepsilon^2} - \frac{2}{\varepsilon} - \frac{m^2}{\varepsilon^4} \cdot (1 + 2n)\right]$$

$$m = \frac{a}{R} \qquad n = \frac{b}{R} \qquad r = \varepsilon \cdot R$$

$$k = \frac{h}{2 \cdot \pi \cdot R} \qquad \rho = \sqrt{\varepsilon^2 + k^2}$$

$$c = \frac{n^2 \cdot (1 + 2 \cdot m)}{\ln \frac{1}{m} - \frac{n}{6} \cdot (6 + 3 \cdot n + 2 \cdot n^2)}$$

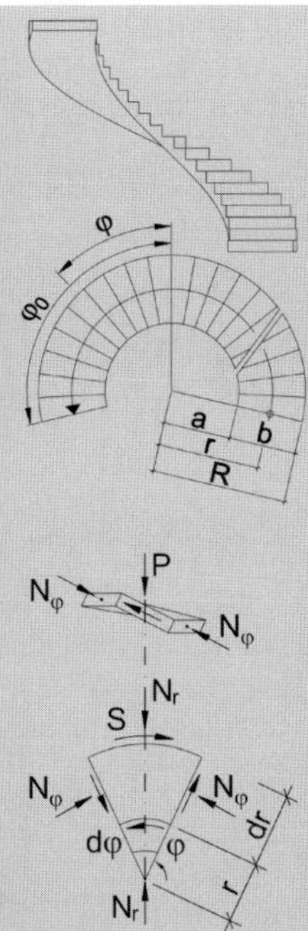

(100.2-10)

φ	positiv mit steigender Treppe	[°]
p_0	gleichmäßig verteilte Vertikalbelastung	[kN/m]
h	Ganghöhe der Treppe	[m]

Dabei ist p der Anteil der Belastung, der allein über die Membrantragwirkung abgetragen werden kann, der Belastungsrest $(p_0 - p)$ ist über Biegebeanspruchung in die Auflager aufzunehmen.

Freitragende Wendeltreppen

$$N = \overline{Q}_x \cdot \sin\alpha + \overline{N} \cdot \cos\alpha;$$

$$Q_x = \overline{Q}_x \cdot \cos\alpha - \overline{N} \cdot \sin\alpha;$$

$$Q_y = \overline{Q}_y;$$

$$M_T = \overline{M}_y \cdot \sin\alpha + \overline{M}_T \cdot \cos\alpha;$$

$$M_x = \overline{M}_x$$

$$M_y = \overline{M}_y \cdot \cos\alpha - \overline{M}_T \cdot \sin\alpha$$

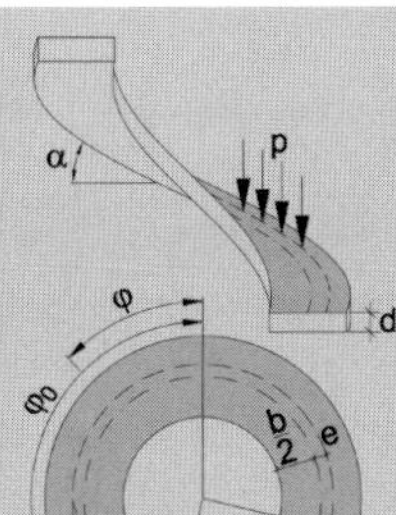

(100.2-11)

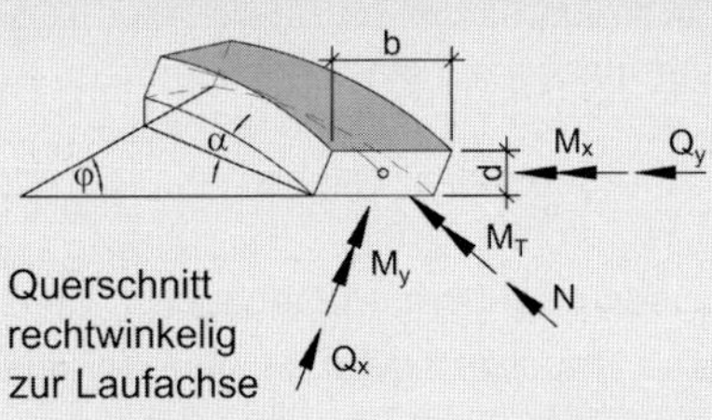

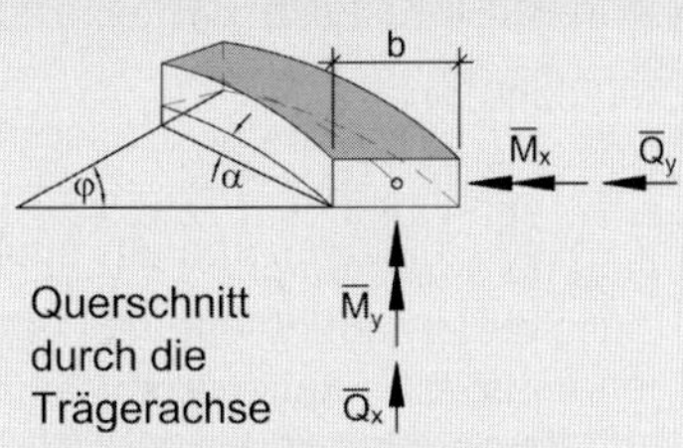

Die oben und unten eingespannte und freitragende Treppe stellt den Regelfall im Stahlbetonbau dar. Dieses Tragwerk hat einen signifikanten „*Schaleneffekt*“, das bedeutet, dass ein erheblicher Anteil der Beanspruchungen über die Aktivierung der Momente M_y abgetragen wird. Eine rechnerische Modellierung der Treppe auf einen Kreisringträger (durch Projektion auf die Grundrissebene) würde diesen Vorteil vernachlässigen.

Beispiel 100.2-11: Schnittkräfte freitragende Wendeltreppe [8]

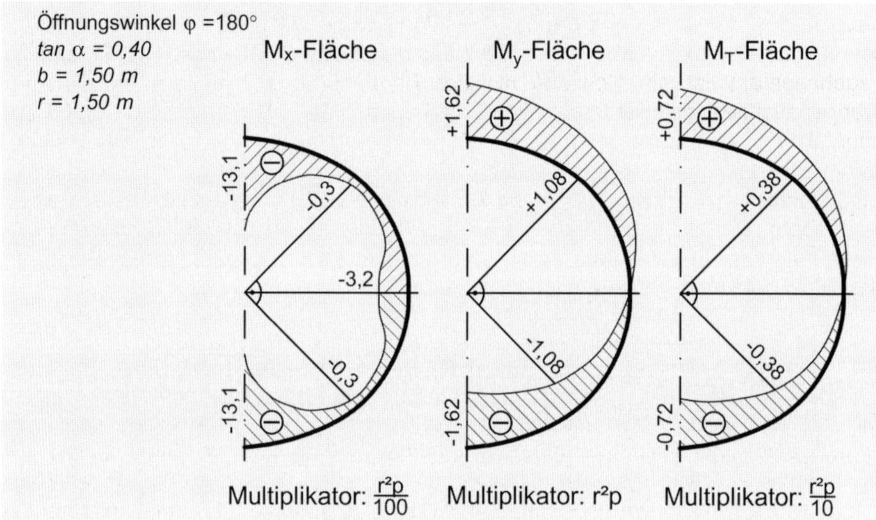

100.2.6 BAUPHYSIKALISCHE ASPEKTE

Aus der Sicht der Bauphysik ergeben sich beim Entwurf von Treppen vor allem Probleme im Hinblick auf den Schallschutz. Nach ÖNORM B 8115-2:2002 [58] wird in Abhängigkeit der Bauwerksnutzung und der Lage der Treppe im Bauwerk ein höchstzulässiger bewerteter Standard-Trittschallpegel $L'_{nT,w}$ vorgeschrieben.

Tabelle 100.2-06: Höchstzulässiger bewerteter Standard-Trittschallpegel $L'_{nT,w}$ von Treppen gemäß ÖNORM B 8115-2:2002 [58]

Bauwerksnutzung, Objektsbereich	$L'_{nT,w}$
in Zwei- und Mehrfamilienhäusern außerhalb der Wohneinheiten, Hotels, Schulen, Krankenanstalten	50 dB
innerhalb von Wohneinheiten gegenüber anderen Wohneinheiten	48 dB
innerhalb von Reihenhäusern gegenüber benachbarten Wohneinheiten	46 dB

Bei herkömmlichen Treppenkonstruktionen ist durch die direkte Auflagerung von meist massiven Stufen auf einer Laufplattenkonstruktion und durch die biegesteife Überleitung der Laufplatte in die Podeste, verbunden mit einer unmittelbaren Auflagerung auf den Wänden des Treppenhauses, der Weg für die unerwünschte Fortpflanzung von Körperschall vorgezeichnet. Die schallschutztechnischen Anforderungen an Treppenkonstruktionen können erfüllt werden durch:

- bauliche Trennung des Treppenhauses vom übrigen Gebäude,
- elastische Auflagerung von Teilen des Treppentragwerkes oder der gesamten Treppenkonstruktion,

- Trittschalldämmung über die gesamte Treppenkonstruktion und/oder
- Maßnahmen in Hinsicht auf die Raumaufteilung.

Der Anwendungsbereich der ÖNORM B 8115-2:2002 [58] ist nutzungsorientiert. Er umfasst Gebäude und Gebäudeteile, welche dem längeren Aufenthalt von Menschen und dem Wohnen dienen; dazu zählen insbesondere Krankenhäuser, Wohngebäude, Hotels, Schulen und Bürogebäude. Ist der Grundgeräuschpegel im Gebäudeinneren hoch (z.B. bei Produktions- oder Industrieanlagen) oder ist eine Lärmbelästigung gegenüber Dritten auszuschließen (z.B. Einfamilienhaus), so sind aufwändige Schallschutzmaßnahmen der Treppe auf ihre Wirksamkeit und Sinnhaftigkeit zu prüfen, und gegebenenfalls ist ein Konsens mit der Baubehörde zu suchen. Beispiele für Treppenausführungen mit $L'_{nT,w}$ < 50 dB sind auch in der ÖNORM B 8110-4:2003 [57] angeführt.

Eine einfache Möglichkeit, störenden Trittschalleinfluss in den Aufenthaltsräumen zu vermindern, besteht darin, keine derartigen Räume in der direkten Umgebung des Treppenhauses anzuordnen. Diese Maßnahme hat jedoch den Nachteil, dass die von der Norm geforderten Werte nicht direkt erfüllt werden.

100.2.6.1 BAULICHE TRENNUNG DES STIEGENHAUSES

Diese Lösung erfordert die vollständige Unterbrechung aller Körperschallwege durch eine zweischalige Ausführung der Treppenhauswände. In der Regel lagern nur Podest bzw. Podestträger auf der inneren Wandschale auf (Auflagertiefe = Wandschalendicke). Die Laufplatten werden aus arbeitstechnischen Gründen meist nicht in die Stiegenhauswand eingespannt, sondern lagern frei von Podest zu Podest. Sie liegen an der Wandschale an oder werden durch eine Fuge von dieser getrennt. Schalldämmende Maßnahmen im Bereich von Laufplatte und Podest sind nicht erforderlich. Die sorgfältige Planung und Ausführung des Schalenzwischenraumes allein (Verhinderung von Schallbrücken) gewährleistet die schalltechnische Wirksamkeit. Ein Nachteil dieser Konstruktion liegt in der Notwendigkeit der Vermeidung aller möglichen Schallbrücken, was eine genaue Erarbeitung aller Detailpunkte im Bereich des Treppenhausmauerwerks erfordert. So muss die Fuge zumindest 3 cm breit sein und mit einem weichen Material ausgefüllt werden, um jegliche Kontaktpunkte von der inneren zur äußeren Schale zu unterbinden.

Abbildung 100.2-21: Zweischalige Ausführung vom Treppenhaus und Aufzugsschacht

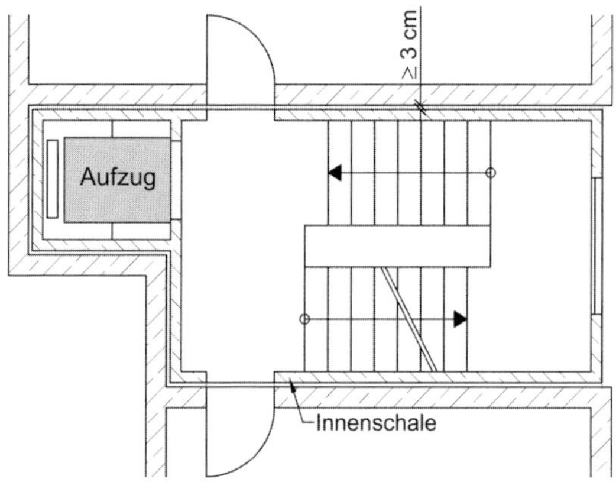

100.2.6.2 ELASTISCHE AUFLAGERUNG

Die Unterbrechung der Schallübertragung kann entweder durch eine elastische Auflagerung der Podeste in der Treppenhauswand – dann muss auch auf eine komplette Trennung des Laufes von der Wand geachtet werden – oder des Laufes auf den Podesten erfolgen. Die Industrie bietet eine Vielzahl von Lösungsmöglichkeiten an. Mittlerweile ist auch ein Produkt für die trittschallgedämmte Lagerung der Trittplatten auf dem Markt. Für die schalltechnisch erforderlichen und kraftübertragenden Zwischenlagen (z.B.: Elastomer-Lager) ist gemäß ÖNORM B 8115-4:2003 [59] eine Resonanzfrequenz f_0 < 80 Hz anzustreben.

Werden nur die Laufplatten schalltechnisch getrennt, müssen die Podestplatten zur Erfüllung des Schallschutzes mit einem vollflächigen Trittschallschutz versehen werden. Es ist unbedingt darauf zu achten, dass die elastisch gelagerten Bauteile durch eine Fuge von der Wand getrennt werden (Schallbrücken!). Bei Ortbetontreppen besteht auch die Möglichkeit des Einbaues von schalldämmenden Bauteilen („Tronsolen") sowohl im Podest- als auch im Laufplattenbereich (Bilder 100.4-48 bis 54).

Abbildung 100.2-22: Auflagerung der Podeste auf Konsolen – Fertigteilbauweise

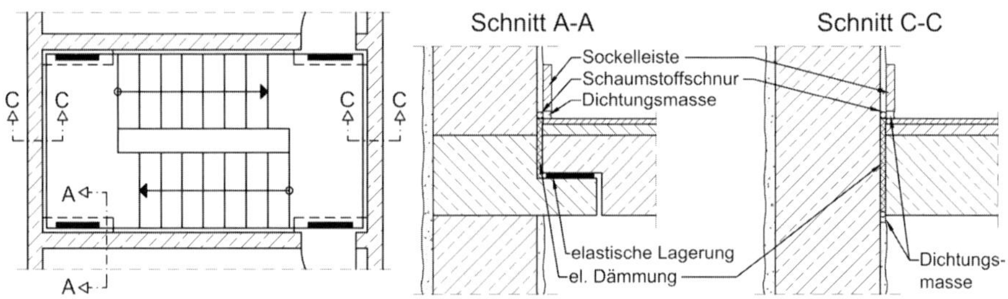

Abbildung 100.2-23: Auflagerung der Podeste auf Konsolen – Ortbetonbauweise [79]

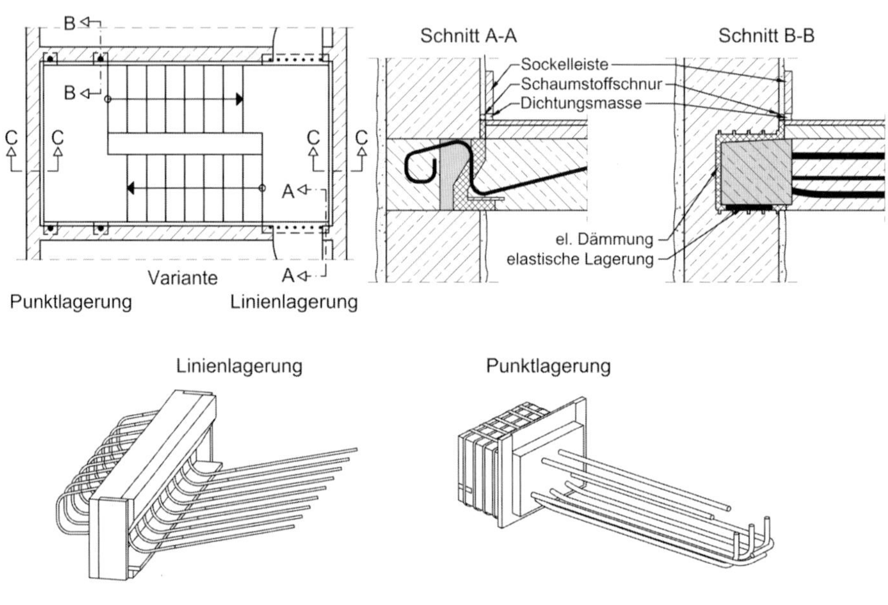

Elastische Lagerung des Podestes in der Treppenhauswand

Ähnlich wie für die thermische Trennung der Balkone von der Geschoßdecke gibt es Bauteile für den Anschluss des Podestes an die Decke. Dies ist aber nur bei Geschoßpodesten möglich, für Zwischenpodeste kommen Schallschutzkästen zum Einsatz, die sowohl mit fertigem Bewehrungskorb als auch für Betonfertigteile erhältlich sind. Speziell für Fertigteiltreppenläufe sind auch schalldämmende Dornsysteme („Querkraftdorne") zur Kraftweiterleitung auf dem Markt.

Elastische Lagerung des Treppenlaufes auf dem Podest

Für Ortbetonstiegenläufe stehen Bewehrungselemente zur Verfügung, Fertigteilläufe werden üblicherweise auf Elastomerstreifen gelagert. Der Elastomerstreifen wird auf die unbedingt erforderliche Breite bemessen und erstreckt sich meist nicht über den gesamten Auflagerbereich. Die so entstehenden Fugen müssen daher sorgfältig sauber gehalten werden bzw. durch die Einlage eines weichen Dämmstreifens geschützt sein. Die Baustoffindustrie bietet auch hier bereits Komplettlösungen an (Bilder 100.4-43 bis 45).

Abbildung 100.2-24: Aufgelagerte Laufplatten – Fertigteilbauweise

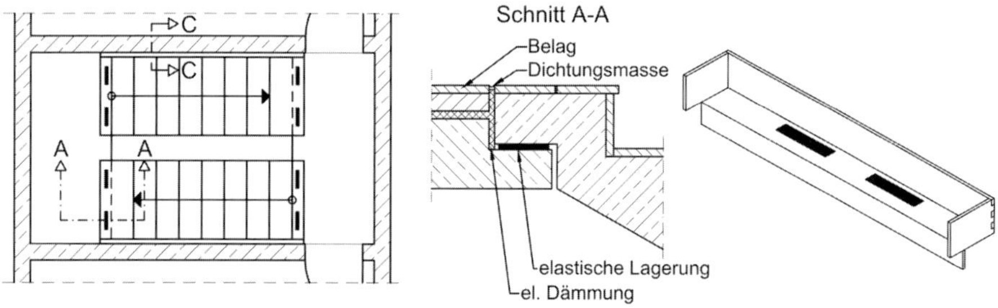

Abbildung 100.2-25: Tronsolen Podeste – Laufplatte – Ortbetonbauweise [79]

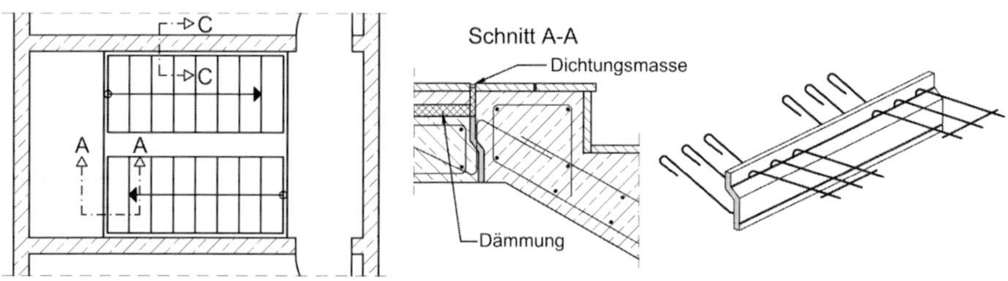

Elastische Lagerung einzelner Stufen

Eine elastische Lagerung von Einzelstufen wird meist nur bei Sanierungen oder dem nachträglichen Einbau gesetzt, da sie mit einem bedeutenden Mehraufwand verbunden ist. Jede einzelne Trittplatte muss mit einer Trittschalldämmung versehen werden. Produkte, die diese Arbeit erleichtern und sowohl für gerade als auch für gewendelte Treppen anwendbar sind, befinden sich seit kurzem auf dem Markt. Konstruktiv leichter ist die Ausbildung einer auf der Laufplatte elastisch gelagerten Stufenplatte, wie sie auch in der ÖNORM B 8115-4:2003 [59] enthalten ist.

Abbildung 100.2-26: Schwimmend aufgelegte Winkel- und Plattenstufen [59]

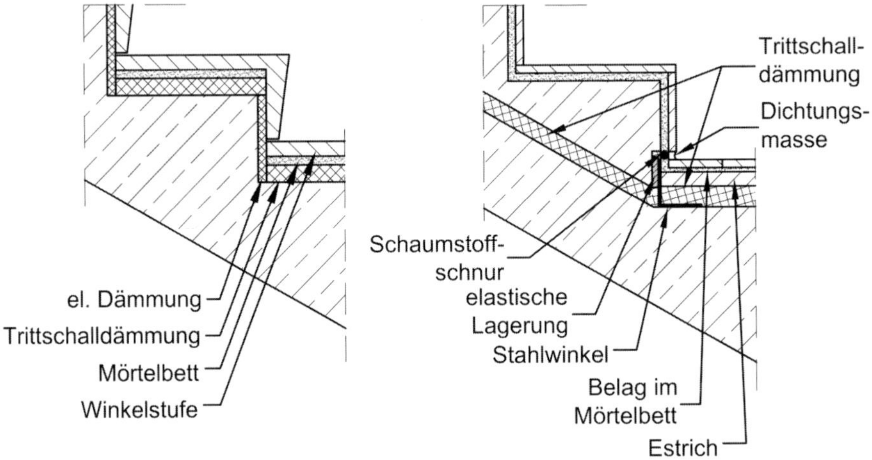

100.2.6.3 WÄRMEDÄMMUNG IM TREPPENBEREICH

Die Anordnung einer Wärmedämmung im Bereich einer Treppenkonstruktion stellt bautechnisch eine Sonderlösung dar. Im Regelfall befinden sich Treppen zur Gänze im Bauwerk oder bei Freitreppen außerhalb dieses. Sollten die Lauf- und Podestplatten dennoch eine wärmetechnische Trennung zwischen Außen- und Innenklimaten erfordern, empfiehlt sich die Anordnung einer Wärmedämmung an der Plattenunterseite und eine bautechnische Ausführung entweder als Außendämmung oder als Innendämmung (mit Dampfbremse). Nachdem Treppen im Allgemeinen einen notwendigen Verbindungsweg (Fluchtweg) darstellen, ist bei Anbringung der Wärmedämmung an der Treppenunterseite im Fluchtwegbereich eine entsprechend brandsichere Ausführung zu wählen.

Bild 100.2-01

Bild 100.2-02

Bild 100.2-01: Gerade Treppe mit drei Läufen und zwei Zwischenpodesten
Bild 100.2-02: Links gewendelte Treppe aus Naturstein

Bild 100.2-03

Bild 100.2-04

Bild 100.2-05

Bild 100.2-03: Zweimal rechts gewinkelte Treppe mit zwei Läufen
Bild 100.2-04: Dreiläufige Hoteltreppe mit Blockstufen
Bild 100.2-05: Links gewendelte Spindeltreppe

Bild 100.2-06

Bild 100.2-07

Bild 100.2-06: Gegenläufige Treppen
Bild 100.2-07: Links gewendelte Treppe mit zwei Läufen und einem Podest

Bild 100.2-08

Bild 100.2-09

Bild 100.2-08: Treppenhaus eines Parkhauses
Bild 100.2-09: Überdachte Außentreppe

Bild 100.2-10

Bild 100.2-11

Bild 100.2-10: Gerade Treppe mit mehreren Zwischenpodesten
Bild 100.2-11: Rechts gewinkelte Treppe mit halb gewendeltem Zwischenteil

Bild 100.2-12

Bild 100.2-13

Bild 100.2-14

Bild 100.2-12: Gerade Treppe mit Zwischenpodest
Bild 100.2-13: Gerade Treppe aus Stahlbeton
Bild 100.2-14: Natursteintreppe

Bild 100.2-15

Bild 100.2-16

Bild 100.2-17

Bild 100.2-15: Zweimal rechts gewinkelte Treppe mit drei Läufen
Bild 100.2-16: Spartreppe aus Holz
Bild 100.2-17: Rechts gewendelte Spindeltreppe

Bild 100.2-18

Bild 100.2-19

Bild 100.2-18: Spindeltreppe – Grundriss
Bild 100.2-19: Gerade Treppe mit rechts gewendeltem An- und Austritt

Bild 100.2-20

Bild 100.2-21

Bild 100.2-20: Mustertreppe Holz – Messemodell
Bild 100.2-21: Links gewendelte Stahltreppe

Bild 100.2-22

Bild 100.2-23

Bild 100.2-24

Bild 100.2-25

Bild 100.2-26

Bild 100.2-27

Bilder 100.2-22 bis 27: Spitzstufendetails

Bild 100.2-28

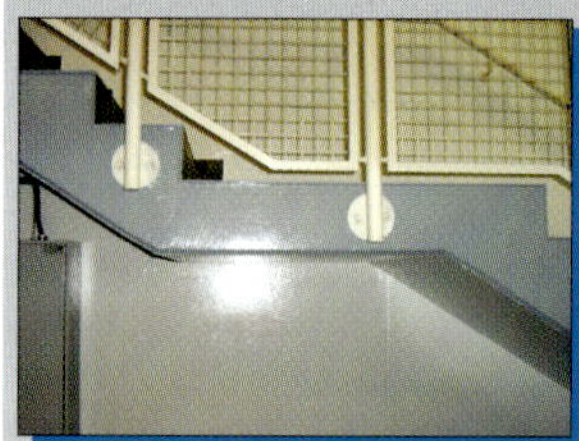

Bild 100.2-29

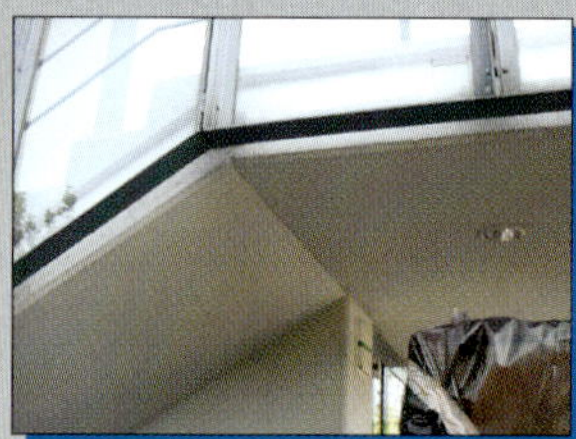

Bild 100.2-30

Bild 100.2-31

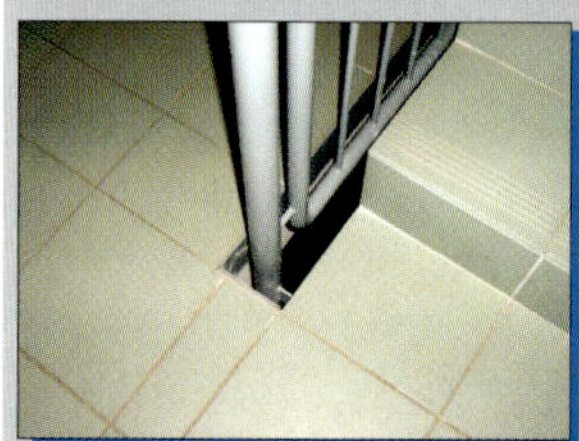

Bild 100.2-32

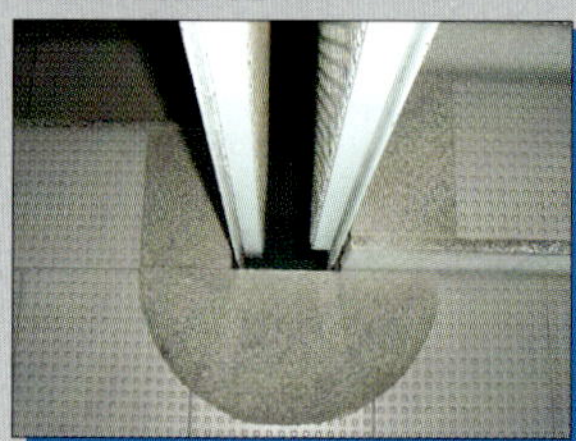

Bild 100.2-33

Bild 100.2-34

Bild 100.2-35

Bild 100.2-36

Bilder 100.2-28 bis 36: Knicklinien- und Spindelraumdetails

100.3 BARRIEREFREIE ERSCHLIESSUNGEN

Bedingt durch die Veränderungen der Altersstruktur der Bevölkerung und das massive Ansteigen der „60+"-Generation in den kommenden Jahren sind die bisherigen Planungsgrundsätze in Richtung einer barrierefreien Erschließung und baulichen Gestaltung nach den *„Universal Design for All"*-Prinzipien so zu verändern, dass die gebaute Umwelt heute und morgen den besonderen Bedürfnissen aller Menschen entgegenkommt. Zu dieser Gruppe zählen noch viele Menschen, die durch Krankheit, Verletzungen oder Unfälle vorübergehend beeinträchtigt sind, aber auch z.B. Eltern mit Kleinkindern, die ebenfalls bei der Bewältigung ihres täglichen Lebens mitunter vor fast unüberwindlichen Hindernissen stehen, die bei vorausschauender Planungsgesinnung nicht sein müssten. Zukünftig sollte es für jeden Planer zur Selbstverständlichkeit werden, alle baulichen Einrichtungen so zu gestalten, dass sie auch für Menschen mit Behinderungen – und jeder von uns kann einmal auf irgendeine Weise, und sei es auch nur temporär, durch Unfall, Krankheit oder Alter davon betroffen sein – akzeptabel und benutzbar sind.

Der Artikel 25 der Vereinbarung gemäß Art. 15a B-VG über die zukünftige Harmonisierung der österreichischen bautechnischen Vorschriften sagt in der neuen Richtlinie „Nutzungssicherheit und Barrierefreiheit": *„Bauwerke müssen so geplant und ausgeführt sein, dass bei ihrer Nutzung Unfälle vermieden werden, durch die das Leben oder die Gesundheit von Personen gefährdet werden, wie z.B. Rutsch-, Stolper-, Absturz- oder Aufprallunfälle. Dabei ist entsprechend dem Verwendungszweck auch auf Kinder und Personen mit Behinderungen Rücksicht zu nehmen."*

Rückblickend hat bereits 1995 die Europäische Kommission eine Entschließung des Rates verabschiedet, die fordert: *„Die Staaten sollten Aktionsprogramme einleiten, um die natürliche Umgebung zugänglich zu machen."* Weiters sollten von den europäischen Mitgliedsstaaten auch so genannte Anti-Diskriminierungsklauseln bei der Revision von Gesetzen und Verträgen aufgenommen werden, um allen Menschen mit ihren unterschiedlichen Fähigkeiten die gebaute Umwelt zugänglich zu machen. Im August 1997 wurde daher der Artikel 7, Absatz 1, in die österreichische Bundesverfassung neu aufgenommen: *„Niemand darf wegen seiner Behinderung benachteiligt werden. Die Republik (Bund, Länder und Gemeinden) bekennt sich dazu, die Gleichbehandlung von behinderten und nicht behinderten Menschen in allen Bereichen des täglichen Lebens zu gewährleisten."* Im Jahre 2001 hat dann der Europarat in der Resolution ResAP(2001)1 *„On the introduction of the principals of universal design into the curricula of all occupations working on the built environment"* die Einbeziehung der Planungsgrundsätze des *„Universal Design for All"* in alle Ausbildungsbereiche des Bauwesens gefordert.

Die in der ÖNORM B 1600 [46] beschriebenen Planungsgrundsätze zum barrierefreien Bauen umfassen bauliche Maßnahmen, Einrichtungen und Ausstattungen sowie Kennzeichnungen, die notwendig sind, um die unterschiedlichen physischen Möglichkeiten von Menschen berücksichtigen zu können. Die angeführten Maßnahmen ermöglichen behinderten Menschen und vorübergehend bewegungs- oder sinnesbehinderten Personen die sichere Nutzung von Gebäuden und Anlagen weitgehend ohne fremde Hilfe. Sie können auch Gipsverbandträgern, Schwangeren, Menschen mit Kinderwagen oder Lasten sowie Kindern und älteren Menschen die Benützung von Gebäuden und Anlagen erleichtern. Die Einhaltung der ÖNORM-Bestimmungen erleichtert auch bei unvorhergesehener Behinderung und im Alter einen Verbleib in der gewohnten Umgebung bei gegebenenfalls nur geringfügigen Adaptierungen.

100.3.1 GRUNDSÄTZE DER BARRIEREFREIHEIT

Bauliche Barrieren und Hindernisse schließen viele Menschen mit Behinderungen von der Teilnahme am Gemeinschaftsleben vollkommen aus. Es gibt keine so genannten „*Durchschnittsmenschen*“ bzw. „*genormte*“ Personen. Jedes Individuum weicht in der einen oder anderen Form von der „*Norm*“ ab, z.B. durch Alter, Größe, Umfang, Gewicht, Stärke, Schnelligkeit, Durchhaltevermögen, Sehen und Hören, geistige Fähigkeiten u.a.m. Die unterschiedlichen Phasen unseres Lebens wie Geburt, Kindheit, Erwachsensein, Alter, Krankheit, zeitweise oder ständige Behinderung stellen ein natürliches Lebensereignis dar und müssen bei jeder Planung miteinbezogen werden.

Das neue integrierte Planungskonzept *„Universal Design for All”* hat das Ziel, den jeweiligen Bedürfnissen des Einzelnen weitest möglich entgegenzukommen damit jeder Einzelne jeden beliebigen Bauteil so unabhängig wie möglich betreten und nutzen kann. Die Vermeidung von baulichen Barrieren bringt darüber hinaus auch vermehrte Sicherheit für alle durch Gefahrenminimierung und aktive Unfallvermeidung. Architekten und Planer tragen die Mitverantwortung für die Integration aller Menschen mit ihren unterschiedlichen Fähigkeiten und Bedürfnissen.

100.3.1.1 BETROFFENE PERSONENGRUPPEN

Die Konzentration auf den individuellen Menschen mit seinen Lebensfunktionen und Bedürfnissen bestimmt die Formen der Architektur. In einer zunehmend älter werdenden Gesellschaft sind bewegungs- und sinnesbehinderte Menschen vermehrt als betroffene Personengruppen zu berücksichtigen.

Bewegungsbehinderte Menschen

- Gehbehinderte Menschen: Personen ohne Gehhilfen oder mit Gehhilfen wie Stock, Krücken u.dgl.
- Arm-/handbehinderte Menschen: Einhändige, Einarmige, Greifbehinderte, Muskelatrophiker, Rheumatiker u. dgl.
- Wachstumsbehinderte Menschen: Kleinwüchsige, Menschen mit verkürzten Extremitäten u.dgl.
- Menschen im mechanischen Rollstuhl: Benützer von muskelkraftbetriebenen Rollstühlen (Solofahrer – Aktivfahrer) oder mit geschobenen Rollstühlen (Passivfahrer).
- Menschen im elektrischen Rollstuhl: Benutzer von elektrischen Rollstühlen oder von sonstigen elektrischen Kleinstfahrzeugen (Solofahrer – Aktivfahrer), mit eingeschränktem Greifbereich, verringerter Sitz- und Augenhöhe, geringerer Muskelkraft, fehlenden Extremitäten, Verkrümmung der Wirbelsäule und damit veränderter Sitz- oder Liegeposition.

Sinnesbehinderte Menschen

- Sehbehinderte Menschen: Personen mit eingeschränktem Gesichtsfeld, herabgesetzter Sehschärfe, Farbenblindheit, Nachtblindheit.
- Blinde Menschen: Personen ohne visuelle Informationen.
- Schwerhörige Menschen: Personen mit Einschränkung der akustischen Informationen, die sich der Lautsprache bedienen.
- Gehörlose Menschen: Personen ohne akustische Informationen, die sich der Gebärdensprache bedienen.

Alte Menschen

- Menschen mit allgemeiner Reduktion der physischen Funktionen.

Kinder

- Nicht erwachsene Personen mit daher eingeschränktem Greifbereich, verringerter Sitz- und Augenhöhe, geringerer Muskelkraft.

Entwicklungsbehinderte Menschen (Menschen mit Lernschwierigkeiten)

- Menschen, die eine einfache Sprache ohne zusammengesetzte Wörter und Fremdwörter benötigen.

100.3.1.2 PLANUNGSGRUNDSÄTZE

Zum besseren Verständnis und als Hintergrundinformation sind nachfolgend die Planungsgrundsätze für die betroffenen Personengruppen detailliert beschrieben (siehe auch Abb. 100.3-01 bis 100.3-03).

Bewegungsbehinderte Menschen

Gehbehinderte Menschen benötigen größere Durchgangsbreiten: Stockgeher 70 cm, Krückengeher 90 cm (bei Türen und Durchgängen genügen jedoch 80 cm), Menschen mit Rollator, Gehgestell u. dgl. 80 cm, mit 4-Fuß-Gehhilfe, Mehrpunkt-Gehstöcken u. dgl. 100 cm. Die Greifhöhe im Stehen beträgt maximal 160 cm. Die Sitzhöhen sollten 45 cm bis 50 cm betragen. Rückenlehnen und Armstützen sind erforderlich.

Arm-/Handbehinderte Menschen haben häufig eine eingeschränkte Greifhöhe, im Stehen 85 cm bis 120 cm, im Sitzen 70 cm bis 100 cm.

Für wachstumsbehinderte Menschen (Kleinwüchsige) können spezifische Maße erforderlich sein, z.B. eingeschränkte Greifhöhe von maximal 100 cm und durchschnittliche Augenhöhe von 85 cm. Auf die leichte Bedienbarkeit aller Elemente ist zu achten.

Rollstuhlfahrer sind für ihre Fortbewegung zeitweise oder ständig auf einen Rollstuhl angewiesen. Das Standardmaß für einen mechanisch getriebenen Rollstuhl weist gemäß DIN ISO 7176-5 [41] eine Breite von 70 cm und eine Länge von 120 cm auf. Das Standardmaß für einen elektrisch getriebenen Rollstuhl weist eine Breite von 70 cm und eine Länge von 130 cm auf. Die Sitzhöhe von Rollstühlen beträgt 50 cm bis 55 cm, die Höhe von abgesetzten Armstützen 60 cm bis 70 cm, die Normalhöhe der Armstützen 74 cm bis 76 cm, die Höhe der Griffe 80 cm bis 95 cm. Es wird eine Fahrbreite von 90 cm bis 100 cm benötigt. Bei Türen genügt jedoch eine Durchfahrtsbreite von 80 cm. Der Aktionsradius (Greifradius) – von der Körpermitte aus – beträgt nach der Seite von 45 cm bis 70 cm, nach vorne von 35 cm bis 60 cm. Der Wendekreisdurchmesser liegt je nach Bauart des Rollstuhls zwischen 210 cm und 230 cm. Die Bewegungsfläche für den Rollstuhl ist die mindesterforderliche Fläche zum Reversieren des Rollstuhls. Diese hat einen Durchmesser von mindestens 150 cm. Elektrorollstühle benötigen eine größere Bewegungsfläche mit einem Durchmesser von mindestens 180 cm. Die Greifhöhe vom Rollstuhl aus liegt in Abhängigkeit von Körpergröße und Art der Behinderung zwischen 40 cm und 120 cm. Die eingeschränkte Greifhöhe liegt zwischen 70 cm und 100 cm. Die optimale Höhe von Bedienungselementen liegt bei 85 cm. Die Kraft zum Greifen wird durch fehlende Muskelfunktionen, Verkürzungen, Verformungen oder durch

Prothesen eingeschränkt. Der Kraftaufwand für Bedienungselemente liegt in direkter normaler Richtung unter 2 N, wenn die Bedienhöhe bei 85 cm (Höhe der Joystick-Steuerung des Rollstuhls ca. 75 cm) eingehalten wird. Die Augenhöhe liegt zwischen 100 cm und 120 cm, die Kniehöhe bei 65 cm bis 70 cm. Die Mindesthöhe für die Unterfahrbarkeit mit den Knien bei abgesetzten oder fehlenden Armstützen beträgt 70 cm. Soll jedoch bei nicht abgesetzten Armstützen auch mit dem Rollstuhl unterfahren werden, sind mindestens 76 cm erforderlich. Die Mindestbreite für die Unterfahrbarkeit sollte 80 cm, muss jedoch mindestens 70 cm betragen. Für die Unterfahrbarkeit mit den Füßen ist eine Höhe von mindestens 35 cm und eine Tiefe von mindestens 20 cm erforderlich.

Sinnesbehinderte Menschen

Für sehbehinderte Menschen müssen stark kontrastierende visuelle Informationen vorgesehen werden. Der Farbkontrast sollte mindestens 30% des Schwarzweiß-Kontrastes (100%) betragen. Rot-Grün-Kombination sollte vermieden werden. Die Schriftgröße und die Höhe über dem Fußboden ist gemäß ÖNORM A 3012 [45] auszuführen. Für die Beleuchtung von Arbeitsstätten wird das Doppelte der Werte gemäß ÖNORM EN 12464-1 [62] empfohlen.

Für blinde Menschen sind Informationen und die Avisierung von Situationsänderungen wie nicht zu erwartende Hindernisse taktil, d.h. mit Händen, Füßen oder Blindenstock wahrnehmbar, oder akustisch zu gestalten. Taktile Beschriftungen sind gemäß ÖNORM V 2105 [76] auszuführen. Die Ergänzung durch Braille-Schrift ist empfehlenswert (Bilder 100.3-12 bis 17, 18, 19 und 23 bis 26).

Für schwerhörige Menschen müssen akustische Informationen unverzerrt übertragen und durch induktive Höranlagen ergänzt werden. Eine visuelle Umsetzung der Informationen (ruhende oder laufende Leuchtschriftanzeige, Bildschirm u. dgl.) ist hilfreich. Eine ausreichende Beleuchtung für das Absehen (Ablesen) von den Lippen ist vorzusehen.

Für gehörlose Menschen müssen akustische Informationen visuell umgesetzt werden (ruhende oder laufende Leuchtschriftanzeige, Bildschirm u. dgl.). Eine simultane Übersetzung in Gebärdensprache ist hilfreich. Eine ausreichende Beleuchtung für die Erkennung der Gebärdensprache sowie für das Absehen (Ablesen) von den Lippen ist vorzusehen.

Das 2-Sinne-Prinzip muss eingehalten werden: Informationen müssen für zwei einander ergänzende Sinne ausgegeben werden. Akustische Informationen sind auch optisch anzuzeigen. Optische Informationen sind akustisch oder taktil auszugeben.

Kinder

Kinder haben einen eingeschränkten Greifbereich (85 cm bis 120 cm), eine verringerte Sitzhöhe (32 cm bis 44 cm) und Augenhöhe (80 cm bis 120 cm) und eine geringere Muskelkraft.

Abbildung 100.3-01: Platzbedarf von Menschen mit Behinderungen [46]

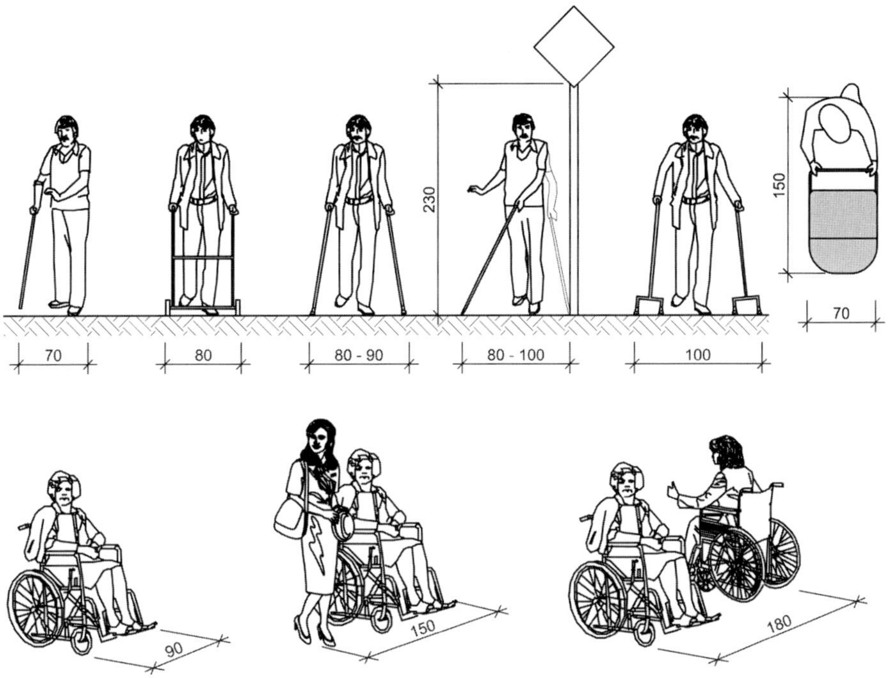

Abbildung 100.3-02: Sitz- und Greifhöhen [46]

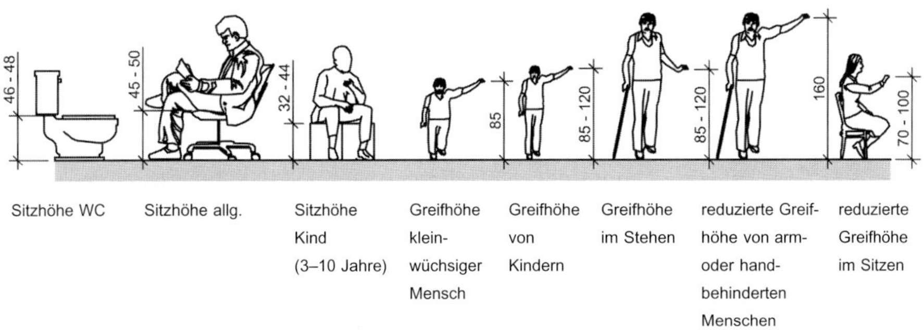

Abbildung 100.3-03: Rollstuhlmaße und Platzbedarf [46]

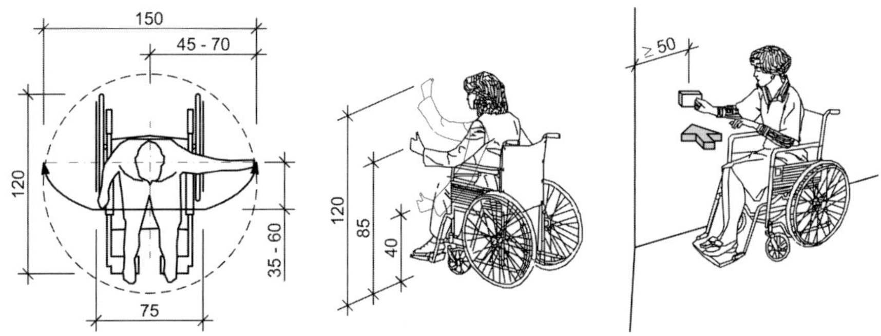

100.3.2 AUSSENANLAGEN

Die nutzbare Breite von Gehsteigen bzw. Gehwegen muss mindestens 150 cm betragen und darf durch Vorsprünge oder Vitrinen, Automaten, Bauteile, Masten, Hydranten u. dgl. nicht unter eine Durchgangsbreite von 90 cm eingeschränkt werden. Die Einschränkung auf eine Durchgangsbreite unter 120 cm darf eine Länge von 100 cm nicht überschreiten. Sind seitliche Vorsprünge größer als 15 cm, so müssen diese unter Beachtung der ÖNORM V 2102-1 [74] gegen das Unterlaufen abgesichert werden. An Gehwegen sollten in Abständen von etwa 100 m Sitzmöglichkeiten vorgesehen werden.

Wenn Gehsteige und Gehwege ein Längsgefälle von mehr als 6% (ca. 3,5°) aufweisen, muss eine griffige Oberfläche (z.B. Gussasphalt mit Riffelung, Körnung oder Quarzsandeinstreuung) aufgebracht werden. Sind Gehwege mit einem Längsgefälle von mehr als 10% (ca. 5,5°) unvermeidbar, sollte mindestens an einer Seite ein Handlauf vorgesehen werden. Das Quergefälle von Gehsteigen und Gehwegen sollte nicht mehr als 2% (ca.1°) betragen. Grenzen Bewegungsflächen an Böschungen mit mehr als 10% (ca. 5,5°) Neigung, sind zur Abgrenzung geeignete bauliche Maßnahmen in der Höhe von 10 cm, z.B. Radabweiser, vorzusehen.

Der Zugang zu angrenzenden Nutzungsbereichen (Spielplatz, Liegewiese u.Ä.) ist niveaugleich auszubilden. Gehwege sollten gegen Rasen, Erdreich u. dgl. durch einen Höhenunterschied von mindestens 3 cm abgegrenzt sein.

Stufen, insbesondere Einzelstufen, sind im Verlauf von Gehwegen zu vermeiden. Stufen in Gehwegen müssen zumindest an einer Seite mit einem Handlauf ausgestattet werden und sind zu markieren.

100.3.2.1 RAMPEN

Rampen sollten geradläufig sein, und ihre Breite muss mindestens 120 cm betragen. Wendelrampen müssen mindestens 150 cm breit sein. Das Längsgefälle von Rampen darf 6% (ca. 3,5°) nicht überschreiten. Sind aus technischen Gründen bei Um- oder Zubauten 6% (ca. 3,5°) nicht ausführbar, dürfen diese mit einem Längsgefälle bis max. 10% (ca. 5,5°) ausgeführt werden. Rampen müssen ab einem Längsgefälle von mehr als 4% in Abständen von maximal 10 m durch horizontale Zwischenpodeste von 120 cm bis 150 cm Länge unterbrochen werden. Rampen dürfen kein Quergefälle aufweisen (Bilder 100.3-01 bis11).

In unmittelbarer Verlängerung einer Rampe darf keine abwärts führende Treppe angeordnet sein. Erforderlichenfalls sind horizontale Zwischenpodeste anzuordnen. Am Anfang und am Ende der Rampen müssen horizontale Bewegungsflächen von mindestens 150 cm Länge vorgesehen werden. Vor Türen im Verlauf von Rampen sind Bewegungsflächen auszubilden. Bei Um- oder Zubauten bzw. Adaptierungen können aus technischen oder räumlichen Gründen an beiden Enden von Rampen reduzierte horizontale Bewegungsflächen von mindestens 120 cm Länge vorgesehen werden.

Bei Richtungsänderungen von Rampen von mehr als 45° müssen horizontale Podeste mit einer Bewegungsfläche mit einem Durchmesser 150 cm für Rollstühle vorgesehen werden.

Abbildung 100.3-04: Rampen – Richtungsänderung, Absturzsicherung [46]

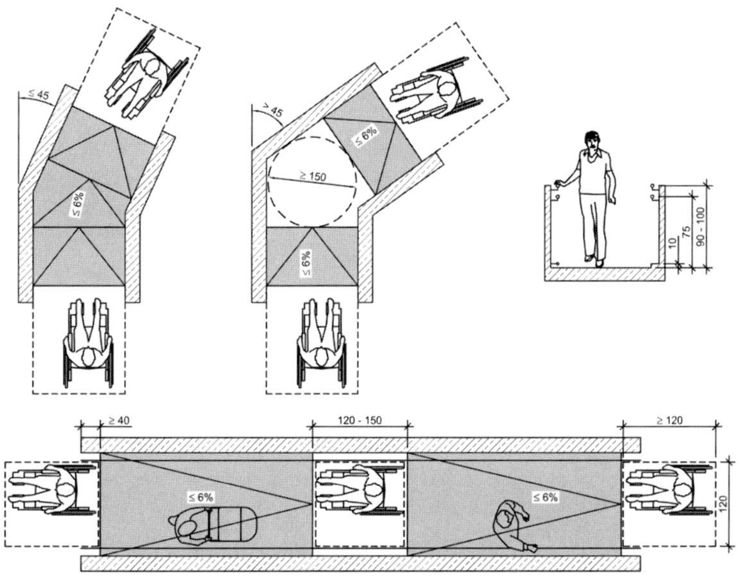

Rampen sind in ihrer ganzen Länge beidseitig mit Handläufen in Höhen von 90 cm bis 100 cm und zusätzlich von 75 cm auszustatten. Handläufe sind an den Enden der Rampe mindestens 40 cm waagrecht weiterzuführen. Beträgt die Höhendifferenz zwischen Rampe und tiefer liegendem anschließendem Niveau mehr als 10 cm, muss eine Absturzsicherung z.B. mit Handlauf und Radabweiser-Sockel (mindestens 10 cm Höhe) vorgesehen werden. Handläufe und Radabweiser sind laufseitig lotrecht in einer Ebene zu führen.

Rampen müssen eine griffige bzw. rutschhemmende Oberfläche (z.B. Gussasphalt mit Riffelung, Körnung oder Quarzsandeinstreuung) aufweisen und sind an beiden Enden in der gesamten Breite farblich kontrastierend (vorzugsweise gelb) zu markieren.

Rampen, welche Nutz- und Verkehrsflächen erschließen, sind durch nahe liegende, für gehbehinderte Menschen geeignete Treppenläufe zu ergänzen, welche vor dem Betreten der Rampe sichtbar sein sollten.

100.3.3 IN GEBÄUDEN

Bei der Planung der baulichen und technischen Ausführung der Flucht- und Rettungswege sowie notwendiger Verbindungswege einschließlich Treppen sind der Transport mit Krankentrage sowie die eingeschränkte Mobilität bzw. Orientierungsfähigkeit von behinderten Menschen zu berücksichtigen. Für die Flucht bzw. Rettung von behinderten Menschen ist ein Evakuierungskonzept in die Fluchtwegs- bzw. Brandschutzpläne einzuarbeiten. Bei Fluchtrampen, die ausschließlich für die Räumung von Gebäuden im Alarmierungsfall verwendet werden, darf das Längsgefälle der Fluchtrampe auf maximal 12% erhöht und auf die Anordnung von Zwischenpodesten – mit Ausnahme bei Richtungsänderungen – verzichtet werden. Auf die Rutschhemmung der Bodenoberfläche ist besonders Bedacht zu nehmen. Fluchtwege müssen taktil gekennzeichnet werden.

100.3.3.1 EINGÄNGE UND TÜREN

Zumindest ein Eingang, möglichst der Haupteingang, und ein Aufzug des Gebäudes müssen stufenlos erreichbar sein. Für Gebäude mit nur einer Wohneinheit, z.B. Einfamilienhäuser, Klein- und Sommerhäuser, sollten diese Bestimmungen ebenfalls berücksichtigt werden. Zumindest sollte die Möglichkeit einer späteren Adaptierung vorgesehen werden.

Alle Türen müssen gemäß ÖNORM B 5330-1 [53] eine Breite der nutzbaren Durchgangslichte bei 90° geöffnetem Türflügel von mindestens 80 cm haben. Bei zweiflügeligen Türen muss der Gehflügel diese Breite der nutzbaren Durchgangslichte aufweisen. Haus- und Wohnungseingangstüren müssen eine Breite der nutzbaren Durchgangslichte von mindestens 90 cm aufweisen. Die Breite von Türflügeln sollte 100 cm nicht überschreiten. Türen mit einer Breite der nutzbaren Durchgangslichte von mehr als 85 cm sollten an der Schließseite einen horizontalen Handgriff haben (Höhe 80 cm bis 100 cm). Türschwellen und Niveauunterschiede sollten grundsätzlich vermieden werden. Notwendige Türanschläge sowie Niveauunterschiede bei Innentüren dürfen nicht größer als 2 cm sein. Notwendige Türanschläge sowie Niveauunterschiede bei Außentüren, die der direkten Bewitterung ausgesetzt sind, sollten unter 2 cm liegen, dürfen jedoch maximal 3 cm betragen. Auf gut überrollbare Türschwellen sollte geachtet werden.

Auf beiden Seiten der Türen muss ein Anfahrbereich mit mindestens 120 cm Tiefe und mindestens 150 cm Breite vorgesehen werden, der durch keinerlei Einbauten eingeschränkt werden darf. Der seitliche Abstand des Anfahrbereiches muss an der Türdrückerseite, von der Stocklichte aus gemessen, mindestens 50 cm betragen. Vor Drehflügeltüren muss an der Aufgehseite ein größerer Anfahrbereich mit einem Mindestmaß von 200 cm x 150 cm vorgesehen werden. Diese Maße sind insbesondere auch bei Windfängen, Schleusen, Vorräumen, Nebenräumen, Aufzügen mit Drehflügeltüren u. dgl. einzuhalten.

Abbildung 100.3-05: Anfahrbereiche vor Türen [46]

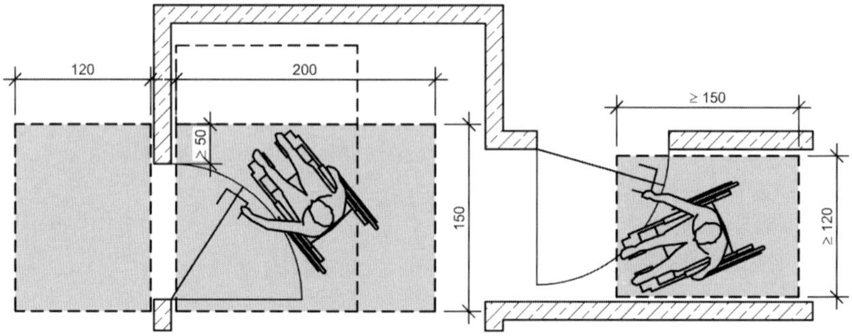

Türflügel müssen leicht zu öffnen sein. Der maximale Kraftaufwand, sowohl zum Bedienen des Türdrückers beim Lastangriffspunkt (Türdrückerlänge minus 2 cm) als auch zum Öffnen und Schließen des Türflügels, darf 25 N (gemäß ÖNORMEN 12217-2 [63]) nicht überschreiten. Türflügel (Gehflügel), die einen Kraftaufwand zum Öffnen von mehr als 25 N (gemessen in der Drückachse) benötigen, müssen mit einer motorisch unterstützten Öffnungshilfe und einer Schließverzögerung ausgestattet sein (siehe ÖNORM EN 1154 [61]). Bei Verwendung von Selbstschließeinrichtungen sind diese so auszuführen, dass der Kraftaufwand für die Betätigung der Tür 25 N nicht überschreitet. Pendeltüren müssen eine Schließvorrichtung erhalten, die das

Durchpendeln der Türen verhindert (siehe ÖNORM EN 1154 [61]). Drehgriffe und eingelassene Griffe sind zu vermeiden. Griffe bei Schiebetüren sollten als Bügelgriffe ausgeführt werden. Bei der Anordnung mehrerer Türen, die zum gleichen Bereich führen und zu Umwegen von nicht mehr als 20 m führen, genügt obige Ausstattung für nur eine Türe. Bei Türen (Brandabschnittstüren), bei denen sichergestellt ist, dass sie im Regelbetrieb offen stehen, gelten die vorgenannten Bedingungen nicht. Glastüren und Glasfüllungen in Türen sind zumindest als Einscheiben-Sicherheitsglas auszuführen.

Drehtüren (Karusselltüren) und Drehkreuze müssen barrierefrei umgehbar bzw. umfahrbar sein. Automatische Türen müssen sich frühzeitig öffnen und eine verzögerte Schließbewegung aufweisen. Impulsgeber müssen auch die Bewegungsfläche im Türbereich erfassen. Bei automatischen Drehflügeltüren ist der Schwenkbereich optisch kontrastreich zu markieren und davor eine taktile Aufmerksamkeitsfläche gemäß ÖNORM V 2102-1 [74] im Sicherheitsbereich (Schwenkbereich der Türe plus 40 cm) über die gesamte Türbreite mit Anzeige der Türmitte anzubringen.

Glastüren sowie große Glasflächen sind innerhalb eines Bereiches von 90 cm bis 100 cm und im Bereich 150 cm bis 160 cm über dem Fußboden mit durchgehenden kontrastierenden optischen Markierungen zu versehen. Diese Markierungen sind sowohl mit einem hellen als auch einem dunklen Anteil zu versehen, um auf wechselnde Lichtverhältnisse im Hintergrund Rücksicht zu nehmen. Der Farbkontrast hat mindestens 30% des Grauwertanteiles zu betragen (Schwarzweiß-Kontrast entspricht 100%). Rot-Grün-Kombination ist zu vermeiden.

100.3.3.2 VERBINDUNGSWEGE

Horizontale Verbindungswege müssen eine lichte Breite des Bewegungsraumes von mindestens 120 cm aufweisen. Am Ende horizontaler Verbindungswege oder bei notwendigen Richtungsänderungen muss die Bewegungsfläche mindestens 150 cm Durchmesser aufweisen. Horizontale Verbindungswege müssen grundsätzlich stufenlos ausgeführt werden. Unvermeidbare Niveauunterschiede müssen durch Rampen, durch Aufzüge oder andere Aufstiegshilfen wie Hebebühnen, Schrägaufzüge (gemäß ISO 9386-2 [42]) u. dgl. ausgeglichen werden. In das angegebene Lichtraumprofil von mindestens 210 cm x 120 cm dürfen keine Hindernisse hineinragen. Ausgenommen sind Handläufe, die bis maximal 10 cm in diesen Lichtraum hineinragen dürfen. Freitragende Stiegen, Rampen, Rolltreppen und andere Konstruktionselemente sind bis zu einer Höhe von 210 cm gegen das Unterlaufen durch sehbehinderte und blinde Menschen abzusichern.

Haupttreppen müssen geradläufig sein und eine nutzbare Treppenlaufbreite zwischen den Handläufen von mindestens 120 cm aufweisen. Bei der Planung des Podestes ist der Transport mit der Krankentrage (siehe Haupttrage in ÖNORM EN 1865 [66]) zu berücksichtigen. Nach maximal 18 Stufen ist ein Podest vorzusehen.

Haupttreppen müssen in ihrer ganzen Länge beidseitig mit einem Handlauf mit sicher umfassbarem, abgerundetem Querschnitt (Durchmesser 3,5 cm bis 4,5 cm) ausgestattet sein. Kantige Profile sind unzulässig. Der Wandabstand muss mindestens 4 cm betragen. Werden breite Treppenanlagen mit zusätzlichen Handläufen geteilt, sind auch diese beidseitig benutzbar zu auszuführen. Handläufe und ihre Befestigung müssen an ihrem ungünstigsten Punkt eine Belastung von mindestens 1,2 kN vertikal und horizontal aufnehmen können. Die Enden der Handläufe müssen beim An- und Austritt mindestens 40 cm weitergeführt werden, wobei frei auslaufende Enden gegen das Unterlaufen mit dem Taststock zu sichern sind. Diese Enden sind so zu gestalten, dass ein Hängenbleiben verhindert wird. Der Handlauf entlang des Treppenauges (Spindelraumes) ist durchlaufend auszuführen und darf nicht außerhalb des betretbaren Bereiches der Treppe liegen. Der Handlauf ist in einer Höhe zwischen 90 cm und 100 cm anzuordnen. Bei Anordnung des Handlaufes in mehr als 90 cm Höhe ist ein zweiter Handlauf in einer Höhe von 75 cm anzuordnen. Die Handläufe sollten über die Zwischenpodeste fortgeführt werden. Die Farbe der Handläufe sollte zur Wand kontrastieren. Anfang und Ende des Treppenlaufes sollten am Handlauf taktil avisiert werden, vorzugsweise durch Stockwerksbezeichnung in taktiler Normalschrift (Schrifthöhe 1,5 cm).

Abbildung 100.3-06: Beispiele von Treppen [46]

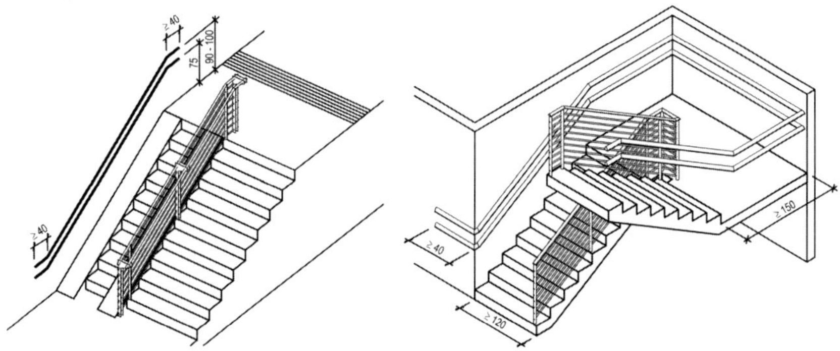

Die Stufen müssen eine rutschhemmende Oberfläche aufweisen. Offene Plattenstufen und geschlossene Plattenstufen mit zurückgesetzten Setzstufen sind unzulässig. Eine nach hinten geneigte Setzfläche (maximal 3 cm) ist zulässig. Einzelstufen sollten vermieden werden. Die Stufenhöhe sollte 16 cm nicht über-, die Stufenbreite 30 cm nicht unterschreiten.

Bei allgemein zugänglichen Baulichkeiten müssen zumindest die An- und die Austrittsstufe eines Treppenlaufes in der ganzen Treppenbreite an der Vorderkante der Trittstufe farblich kontrastierend – vorzugsweise gelb – markiert werden. Breite des Markierungsstreifens mindestens 5 cm. Vor abwärts führenden Treppen muss, beginnend in einem Abstand von 30 cm bis 40 cm vor der ersten Stufe, ein taktiles Aufmerksamkeitsfeld über die ganze Treppenbreite in einer Tiefe von 70 cm bis 100 cm angebracht werden.

100.3.3.3 SANITÄRRÄUME

Alle Gebäude zum ständigen oder vorübergehenden Aufenthalt von Menschen (ausgenommen Wohnbauten bzw. Wohnbereiche) müssen in jedem Geschoß mit mindestens einem barrierefreien WC-Raum ausgestattet sein (geschlechtsneutral angeordnet oder mit je einem für Damen und Herren). Es wird empfohlen, ein universell anfahrbares WC vorzusehen. Beim Einbau eines einseitig anfahrbaren WCs sollte pro Geschoß die Anfahrrichtung geändert und das WC entsprechend gekennzeichnet werden. Bei WC-Reihenanlagen ist innerhalb dieses Verbandes oder in unmittelbarer Nähe ein barrierefreier WC-Raum vorzusehen.

Die Türen dürfen nicht nach innen aufgehen, müssen eine nutzbare lichte Durchgangsbreite von mindestens 80 cm haben, von innen versperrbar und im Notfall auch von außen entriegelbar sein. Auf ergonomische Bedienbarkeit des Türdrückers und der Verriegelung ist Rücksicht zu nehmen. Ein Drehknopf oder Ähnliches ist zur Verriegelung nicht geeignet. Wird der WC-Raum aus betriebstechnischen Gründen versperrt gehalten, sollte eine zusätzliche Ausstattung mit Doppelzylindersystem mit einem europaweit gültigen Schließsystem für Behinderteneinrichtungen vorgesehen werden.

Im barrierefreien WC-Raum muss eine Bewegungsfläche für den Rollstuhl von mindestens 150 cm Durchmesser sichergestellt sein, wobei eine Unterfahrbarkeit des Handwaschbeckens bis maximal 20 cm Tiefe miteinbezogen werden kann. Bei barrierefreien WC-Räumen müssen verschiedene Anfahrtsmöglichkeiten mit dem Rollstuhl zum WC-Sitz – zumindest jedoch eine seitliche und eine rechtwinkelige Anfahrt – sichergestellt sein. Ein universell anfahrbarer WC-Sitz erfordert eine Raumbreite von mindestens 220 cm und eine Raumtiefe von mindestens 215 cm, ein einseitig anfahrbarer WC-Sitz eine Raumbreite von mindestens 165 cm und eine Raumtiefe von mindestens 215 cm (Bilder 100.3-29 und 30).

Abbildung 100.3-07: Systemskizze für anfahrbare WC-Sitze [46]

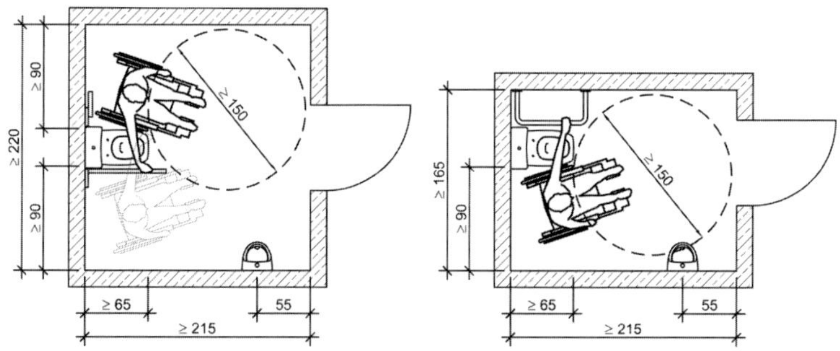

UNIVERSELL ANFAHRBAR **EINSEITIG ANFAHRBAR**

Werden in WC-Räumen zusätzliche Elemente (z.B. Wickeltisch, größere Abfallkübel, Warmwasseraufbereitung, Möblierungen) angebracht, sind die Mindestabmessungen zu vergrößern, um die Bewegungsfläche von mindestens 150 cm Durchmesser sicherzustellen. Bei Zu- und Umbauten sollte zumindest ein eingeschränkt barrierefreier WC-Raum mit einer Raumbreite von mindestens 185 cm und einer Raumtiefe von mindestens 155 cm angeordnet werden. Allerdings ist in diesen WC-Räumen das Wenden mit dem Rollstuhl nicht möglich.

Die Einrichtung und Ausstattung der barrierefreien WC-Räume (WC-Sitz, Waschtisch, Halte- und Stützgriffe, Notrufeinrichtung u. dgl.) ist gemäß ÖNORM B 1600 [46] auszuführen.

100.3.3.4 ANPASSBARER WOHNBAU

Anpassbarer Wohnbau bedeutet, dass später notwendige Änderungen in möglichst kurzer Bauzeit und kostengünstig ohne Änderung von Installationen, Technik, Dämmung oder Tragfähigkeit vorgenommen werden können. Anpassbarer Wohnbau ist durch die barrierefreie Erschließung aller Wohnbauten bzw. Wohnungen möglich. Bei der Planung tragender Elemente, Installationen und technischer Einrichtungen sind die Mindestanforderungen der ÖNORM B 1600 [46] (z.B. Durchgangsbreiten, Mindesttürbreiten, Mindestbewegungsflächen) zu beachten. Besondere Beachtung sollte der Anordnung von Treppenhäusern zur nachträglichen Ausstattung mit Aufzügen gewidmet werden. Wichtigster Bereich hinsichtlich der Anpassbarkeit einer Wohnung sind die Sanitärräume. Die Planung der Sanitärräume hat, soweit sie nicht von vornherein barrierefrei ausgeführt werden, so zu erfolgen, dass durch Zusammenlegung von Räumen (wie WC und Bad, Bad und Abstellraum, WC und Abstellraum) die erforderlichen Bewegungsflächen für die Benutzung mit Rollstühlen geschaffen werden können. Aus diesem Grund dürfen in den Trennwänden zwischen diesen zusammenzulegenden Räumen keinerlei Installationen untergebracht werden. Der Estrich und die Feuchtraumabdichtung müssen unter den entsprechenden Trennelementen durchgehen. Diese dürfen nicht tragend sein, um ihre rasche und kostengünstige Entfernung zu ermöglichen.

Abbildung 100.3-08: Anpassbarer Sanitärbereich bei Wohnungen [46]

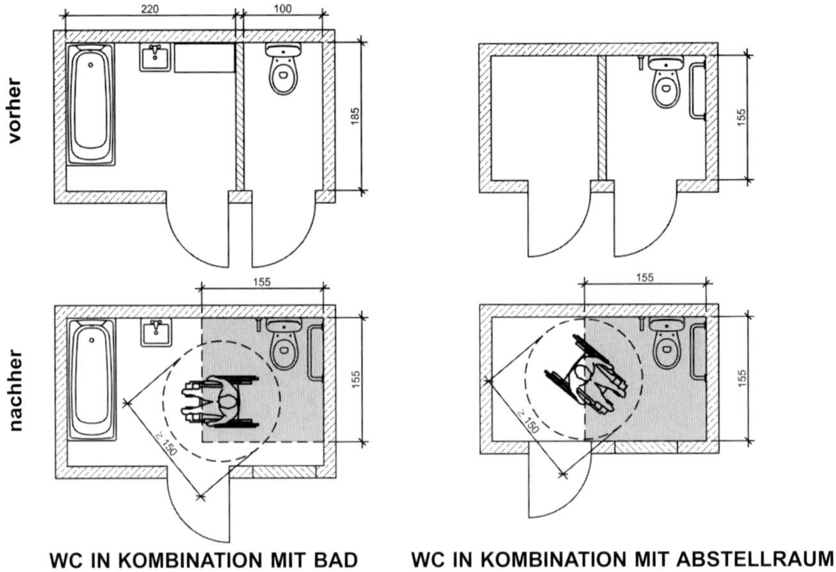

100.3.3.5 MATERIALIEN, FARBGESTALTUNG UND BELEUCHTUNG

Die Auswahl der Materialien für Bodenbeläge bzw. Wand- und Deckenoberflächen hat im Zusammenhang mit der natürlichen Belichtung und der künstlichen Beleuchtung zu erfolgen, um eine direkte Blendung bzw. Reflexblendung von Menschen (Augenhöhe 100 cm bis 180 cm) zu vermeiden. Wände und Fußböden sollten farblich zueinander kontrastierend sein. Für sehbehinderte Menschen ist eine kontrastreiche Farbgestaltung (Farbkontrast mind. 30%) wichtig, um z.B. Türen, Handläufe, Treppenstufen und andere wichtige visuelle Informationen überhaupt wahrnehmen zu können. Auf ausreichende Beleuchtung ist ebenfalls zu achten, wobei für seh- und hörbehinderte Menschen in Arbeitsbereichen und in Bereichen mit wichtigen Informationen eine Verdoppelung der Beleuchtungsstärke empfohlen wird.

Bei Pflasterungen und Bodenbelägen mit Fugen darf die Differenz zwischen Belagsoberfläche und Verfugung nicht mehr als 0,5 cm betragen. Bodenbeläge im Freien müssen mit dem Rollstuhl leicht und erschütterungsarm befahrbar sein. Beläge von Rampen und Treppen im Freien sind rutschhemmend auszuführen. Bei Bodenbelägen in Gebäuden müssen die Fußböden eine ausreichende Rutschhemmung aufweisen, rollstuhlgeeignet sein und dürfen sich nicht elektrostatisch aufladen (Bilder 100.3-27 und 28).

Hochflorige Teppiche sind für Rollstühle ungeeignet. Die Lochgrößen oder Rippenabstände von Gitterrosten, Bodengittern u.dgl. dürfen die Größe von maximal 2 cm nicht überschreiten. Schmutzabstreifer müssen so beschaffen sein, dass sie das Lenkverhalten von Rollstühlen nicht beeinflussen.

100.3.4 AUFZÜGE UND AUFSTIEGSHILFEN

Ist ein Aufzug im Gebäude vorgesehen, so muss dieser stufenlos erreichbar sein. Bei Aufzugsgruppen ist zumindest ein barrierefrei erreichbarer Aufzug auszuführen. Aufzüge, Hebebühnen oder andere Aufstiegshilfen müssen die stufenlose Erreichbarkeit aller allgemein zugänglichen Nutzräume (auch Sanitärräume) ermöglichen. Aufzüge dürfen nicht durch Fahrtreppen oder Fahrsteige ersetzt werden (Bilder 100.3-18 bis 22).

Aufzugsanlagen und Aufstiegshilfen sollten über eine unabhängige Stromquelle (Notstromversorgung oder Anschlussmöglichkeit für mobile Notstromversorgung an gut zugänglicher Stelle der Außenfassade) verfügen, insbesondere wenn sie für die Erschließung bei öffentlichen Veranstaltungen erforderlich sind.

100.3.4.1 AUFZÜGE

Für die Beförderung behinderter Personen sind in ÖNORM B 1600 [46] und ÖNORM EN 81-70 [72] unter anderem folgende Planungsgrundsätze angeführt:

- Aufzüge müssen entweder von der Straße oder von der Garage stufenlos erreichbar sein.
- Aufzugsanlagen sollen mit automatischen Kabinen- und Schacht-Horizontalschiebetüren ausgerüstet sein.
- Der Fahrkorb soll folgende lichte Mindestabmessungen aufweisen: Breite ≥ 110 cm, Tiefe ≥ 140 cm, Türbreite ≥ 90 cm.
- In der Kabine ist ein Haltegriff in einer Höhe von 90 ± 2,5 cm in der Nähe der Bedienungselemente vorzusehen.
- Der oberste Knopf aller Bedienungselemente darf nicht höher als 120 cm über dem Boden angeordnet sein (vorzugsweise 110 cm).
- Horizontale Anordnung der Befehlsgeber in einer Höhe von 90 cm (Mittellinie) wird empfohlen.
- Optische und akustische Anzeigen ermöglichen das einfache Erkennen des Aufzugs; akustische Ankündigung beim Aufleuchten der Richtungspfeile für „aufwärts“: ein Ton, für „abwärts“: zwei Töne.
- Akustische Informations- und Notrufeinrichtungen sollten zusätzlich mit einer induktiven Höranlage ausgestattet sein.
- tastbare Zeichen bzw. Beschriftungen ≥ 1,5 cm (Braille-Schrift wird zusätzlich empfohlen), ev. in Form einer Telefontastatur.
- Farbe und Farbton von Schachttüren sollten zur umgebenden Wand kontrastierend ausgeführt sein um das Auffinden der Schachttüren zu erleichtern.
- Spiegel oder reflektierende Fläche gegenüber der Schachttüre: ≥ 30 cm über FBOK bis mindestens 150 cm über FBOK, um rückwärts fahrenden Rollstuhlfahrern die Sicht in die Bewegungsfläche vor dem Aufzug zu ermöglichen.

In den öffentlich zugänglichen Bereichen müssen Aufzüge, falls versperrt, zusätzlich auch mit einem europaweit gültigen Schließsystem für Behinderteneinrichtungen ausgestattet sein.

Abbildung 100.3-09: Aufzugskabinen mit Bewegungsfläche vor dem Aufzug [46]

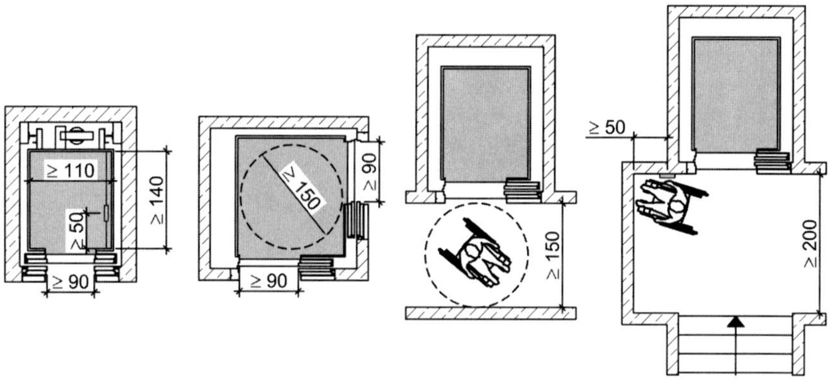

Das Innere des Fahrkorbes gemäß ÖNORM EN 81-70:2003, Typ 2 [72] muss eine Breite von mindestens 110 cm und eine Tiefe von mindestens 140 cm aufweisen. Bei diesen Abmessungen muss die Tür an der Schmalseite angeordnet sein. Für Aufzüge mit Übereckbeladung ist eine Mindestgröße (Innenlichte des Fahrkorbes) von 150 cm x 150 cm vorzusehen.

Die Fahrkorb- und Schachttüren sind als selbsttätig maschinell betriebene, waagrecht bewegte Schiebetüren mit einer lichten Durchgangsbreite von mindestens 90 cm auszuführen. Der freie Bereich vor den Schachttüren muss eine Tiefe von mindestens 150 cm aufweisen. Grundsätzlich ist ein abwärts führender Stiegenlauf gegenüber der Schachttüre zu vermeiden. Ist dies nicht zu vermeiden, so muss der Abstand von der Schachttüre mindestens 200 cm betragen.

Es sollte eine einheitliche akustische Signalisierung verwendet werden. Außen an der Türzarge der Fahrschachttüre – rechts für den Einsteigenden – sollte in einer Höhe von 100 cm eine tastbare Stockwerksnummerierung angebracht sein. Für die Gestaltung der Bedienungselemente von Aufzügen ist die ÖNORM EN 81-70 [72] anzuwenden.

100.3.4.2 AUFSTIEGSHILFEN

In Neubauten ist die vertikale Erschließung grundsätzlich mit Aufzügen vorzunehmen. Schrägaufzüge, Hebebühnen und Hebeplattformen sind Sonderlösungen für behinderte Menschen. Können bauliche Barrieren (Stufen) in bestehenden Gebäuden weder durch Aufzug noch durch Rampeneinbauten überwunden werden, sind Schrägaufzüge oder Hebebühnen eine Alternative. Behinderte Personen können mit Schrägaufzügen stehend auf einer Plattform oder auf einem Sitz oder im Rollstuhl auf einer großen Plattform über Treppen zwischen festgelegten Zugangsstellen befördert werden. Die Fahrbahn kann dabei geradlinig oder gekrümmt über Flure, Podeste, Treppen oder Rampen verlaufen.

Grundsätzlich sollten solche Anlagen selbstständig benutzbar zur Verfügung stehen. Ist bei öffentlich zugänglichen Anlagen eine Sperrung vorgeschrieben, darf diese nur der Freischaltung dienen. Zur Sperrung kann das Euro-Schließsystem (europaweit gültiges Schließsystem für Behinderteneinrichtungen) verwendet werden. Die Bedienung der Aufstiegshilfen hat durch so genannte Totmannschaltung mit geringer Druckkraft zu erfolgen, die Bedienelemente sind an den beiden Haltestellen und am Gerät selbst anzubringen.

Die Nennlast von Hebebühnen und ähnlichen Aufstiegshilfen ist außer bei privater Verwendung auf mindestens 200 kg (2 kN) auszulegen. Auf Absturzsicherheit ist besonders zu achten. Für den Einbau eines Schrägaufzuges sind folgende Mindesterfordernisse zu erfüllen:

- Mindestdurchgangshöhe im gesamten Stiegenbereich von 2 m.
- Bei beiden Haltestellen hat die Freifläche (Bewegungsfläche) vor der Plattform mindestens 100 cm Breite und 120 cm Länge zu betragen; bei seitlicher Auffahrt auf die Plattform ist diese mit einer Breite von mindestens 120 cm auszuführen.
- Mindestgröße der Plattform bei Plattformschrägaufzügen: Breite 80 cm, Tiefe 100 cm, empfohlene Tragfähigkeit = 300 kg.
- Die abklappbare Plattform und deren Sicherungsbügel können im öffentlichen Bereich automatisch abgesenkt werden, die Bedienungselemente sind daher im Bereich der Bewegungsfläche leicht erreichbar anzubringen.
- Ein Schrägaufzug sollte auch für gehbehinderte Personen, die keine Stufen überwinden können, benutzbar sein (ev. Klappsitz).

Hebebühnen dürfen in Österreich Höhenunterschiede bis zu 199 cm überwinden und müssen eine Mindestgröße der Plattform von 80 cm x 130 cm haben, Zu- und Abgang müssen niveaugleich mit der Umgebungsfläche sein. Sollte ein Schacht erforderlich sein, ist der vermehrte Platzbedarf zu berücksichtigen.

Hebeplattformen sind die preisgünstige Form von Aufstiegshilfen, da für ihre Aufstellung nur geringe Bauarbeiten notwendig sind. Mit ihnen können Höhenunterschiede von maximal 90 cm überwunden werden. Durch die bauartbedingte Auffahrtsrampe mit größerer Steigung stellen sie für einen Teil von Rollstuhlfahrern keine gute Lösung dar und sind im öffentlichen Bereich zu vermeiden.

Schrägaufzüge mit Stehplattformen oder mit Sitzen sowie Treppenfahrlifte sind nur im privaten Bereich ausführbar. Ein Treppenlift besteht aus folgenden Komponenten:

- Liftschiene in Form von Tragrohren, entweder auf den Treppenstufen oder an der Treppenhauswand befestigt, bei gewendelten Treppen an der Freiwangenseite angeordnet.
- Plattform, abgesichert durch Halterungen, Sicherungsbügel, Schranken und Seitenschutz.
- Antrieb: kann sowohl am oberen Ende des Aufzuges als auch unter dem Antrittspodest, unter dem Treppenlauf oder an der Plattform angeordnet werden.
- Druckknopfsteuerung wird üblicherweise am Fördermittel angeordnet.
- Notstoppvorrichtung am Fördermittel und bei den Antrittspodesten.
- Rückführung muss mechanisch gebremst und auch bei Stromausfall voll funktionsfähig sein.

Abbildung 100.3-10: Treppenlift und Hebeplattform

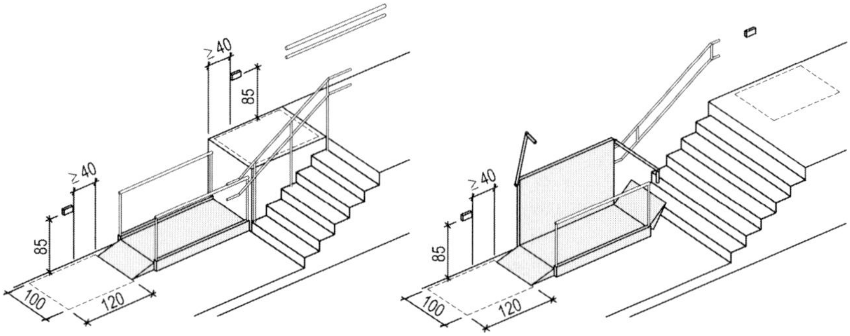

Abbildung 100.3-11: Treppenlifte – Anordnungsmöglichkeiten

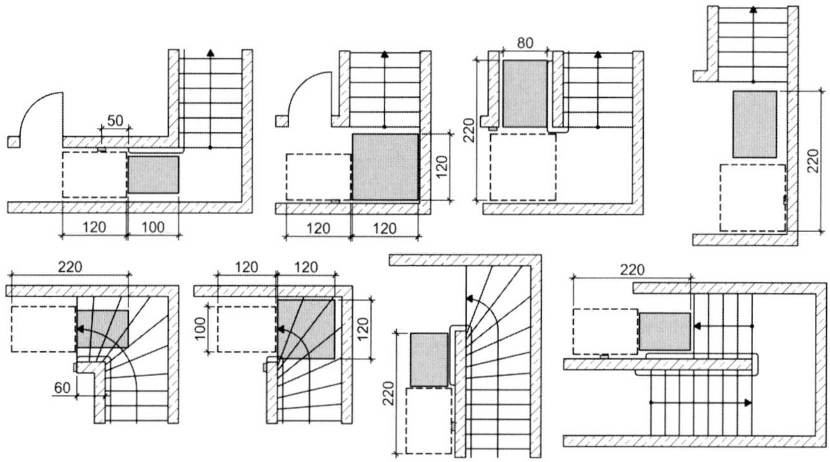

100.3.5 EINRICHTUNG UND AUSSTATTUNG

100.3.5.1 BEDIENUNGSELEMENTE

Alle Bedienungselemente wie Schalter, Taster u. dgl. müssen in einer Höhe zwischen 85 und 100 cm über FBOK angebracht werden und einen seitlichen Abstand von der angrenzenden Wand von mindestens 50 cm aufweisen. Die optimale Höhe für Bedienungselemente liegt bei 85 cm.

Taster müssen mit einer Maximalkraft von 2 N bedienbar sein, und der Schaltpunkt muss fühlbar sein. Sensortasten und Taster ohne definierten Druckpunkt sind unzulässig. Einzeltaster von elektrischen Türöffnern, Lichtschalter und Ruftasten von Torsprechstellen u. dgl. sollen innen und außen generell in 85 cm Höhe angebracht werden. Taster von elektrischen Türöffnern müssen mindestens 50 cm außerhalb des Öffnungsbereiches der Türflügel angebracht sein und dürfen sich nicht in Mauernischen oder in Bereichen von Stufen befinden. Steckdosen müssen in einer Höhe von mindestens 50 cm über FBOK angebracht sein.

Die taktile Beschriftung von Bedienungselementen und die Braille-Schrift sind gemäß ÖNORM V 2105 [76] auszuführen. Sind Bedienungselemente mit Symbolen versehen, müssen diese taktil ausgeführt und beschriftet werden. Die Taster sind farblich kontrastierend zu gestalten.

100.3.5.2 ORIENTIERUNGSSYSTEME UND BELEUCHTUNG

Als Mindestanforderung für die Beleuchtungsstärken gelten die Werte gemäß ÖNORM EN 12464-1 [64] und -2 [65], wobei diese auch für vergleichbare Nutzungsbereiche gelten. Direkt- und Reflexblendung sind zu vermeiden.

Für Sehbehinderte müssen stark kontrastierende visuelle Informationen vorgesehen werden. Der Farbkontrast hat mindestens 30% des Grauwertanteiles zu betragen (Schwarzweiß-Kontrast entspricht 100%). Rot-Grün-Kombination ist zu vermeiden. Bevorzugte Farbe für Beschriftungen und Symbole ist Schwarz auf weißem oder gelbem Hintergrund. Für Stufenmarkierungen wird Gelb auf dunklem Hintergrund bevorzugt.

Bei Orientierungs- und Informationssystemen ist die Schriftgröße und die Höhe über dem Fußboden gemäß ÖNORM A 3012 [45] auszuführen.

Das 2-Sinne-Prinzip ist generell zu berücksichtigen: Informationen müssen für zwei einander ergänzende Sinne eindeutig ausgegeben werden. Akustische Informationen sind auch optisch anzuzeigen. Optische Informationen sind akustisch oder taktil auszugeben. Soweit technisch möglich, sollten akustische Informationen über Lautsprecheranlagen zusätzlich induktiv ausgegeben werden.

Alle Informationselemente müssen gut ausgeleuchtet sein und sollten farblich kontrastierende Buchstaben haben (ergänzend auch in Braille-Schrift).

Mindestens eine WC-Anlage pro Geschoß muss für Blinde und sehbehinderte Menschen gekennzeichnet sein. Ist diese nach Geschlechtern getrennt, muss je ein WC gekennzeichnet sein. Dies hat zumindest durch Anbringung eines Leitstreifens quer zur Gehrichtung im Gangbereich (Auffanglinie gemäß ÖNORM V 2102-1 [74]) und einer taktilen Beschriftung auf dem Türblatt gemäß ÖNORM V 2105 [76] zu erfolgen.

Alarmsysteme müssen nach dem 2-Sinne-Prinzip optische und akustische Signale auslösen.

Bei Flucht- und Rettungswegen sind vorzusehen:

- Ausstattung mit visuellen und akustischen Informationssystemen,
- Ausstattung mit geeigneten Bergetüchern,
- taktile Symbole an Handläufen, die die Fluchtrichtung angeben.

Bild 100.3-01

Bild 100.3-02

Bild 100.3-01: Kombinierte Rampen- und Treppenanlage
Bild 100.3-02: Metallische Außenrampe

Bild 100.3-03

Bild 100.3-04

Bild 100.3-05

Bild 100.3-03: Außenrampe als Zugangsergänzung zu Außentreppe
Bild 100.3-04: Nachträglich montierte metallische Außenrampe
Bild 100.3-05: Innenrampe

Bild 100.3-06

Bild 100.3-07

Bild 100.3-06: Innenrampe
Bild 100.3-07: Außenrampe ohne seitliche Sicherung

Bild 100.3-08

Bild 100.3-09

Bild 100.3-08: Kurze Außenrampe
Bild 100.3-09: Treppenaufgang mit seitlicher Rampenausbildung

Bild 100.3-10

Bild 100.3-11

Bild 100.3-10: Außenrampe mit Umwehrung
Bild 100.3-11: Außenrampe – Detail

Bild 100.3-12

Bild 100.3-13

Bild 100.3-14

Bild 100.3-15

Bild 100.3-16

Bild 100.3-17

Bilder 100.3-12 bis 14: Negativbeispiele für Planung und Absicherungen
Bilder 100.3-15 bis 17: Positivbeispiele für Planung und Absicherungen

Bild 100.3-18

Bild 100.3-19

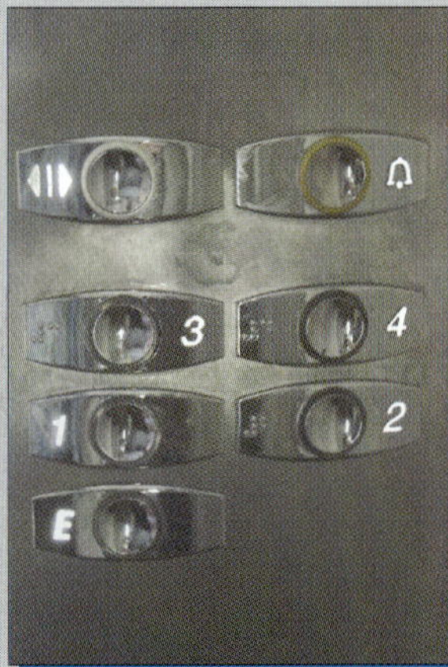

Bild 100.3-20

Bild 100.3-18 und 19: Aufzugbedienelemente mit taktilen Informationen
Bild 100.3-19 und 20: Hebeplattform

Bild 100.3-21

Bild 100.3-22

Bild 100.3-21: Hebeplattform
Bild 100.3-22: Treppenlift mit oberer Führung

Bild 100.3-23

Bild 100.3-24

Bild 100.3-23: Taktile Bodenmarkierung – U-Bahn
Bild 100.3-24: Taktile Bodenmarkierung – Abzweigung

Bild 100.3-25

Bild 100.3-26

Bild 100.3-25: Markierung Türen
Bild 100.3-26: Taktile Bodenmarkierung – Leiteinrichtung

Bild 100.3-27

Bild 100.3-28

Bild 100.3-27 und 28: Niveaugleiche Ausführung von Türstaffeln

Bild 100.3-29

Bild 100.3-30

Bild 100.3-31

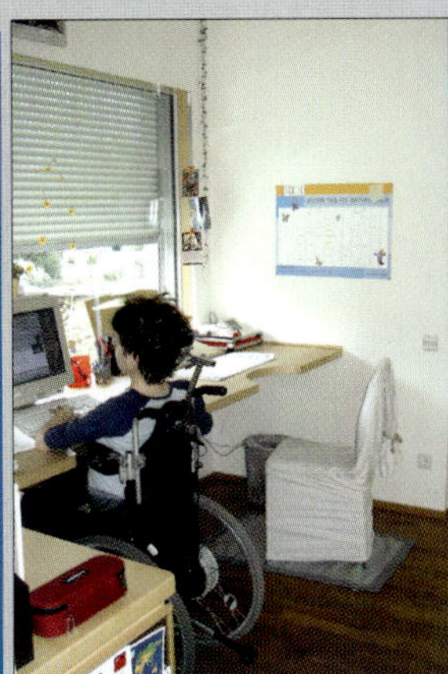

Bilder 100.3-29 und 30: Barrierefreie Ausführung Sanitärraum
Bild 100.3-31: Beispiel für barrierefreien Arbeitsplatz

100.4 KONSTRUKTIONSFORMEN

Hinsichtlich der Konstruktionsformen gerader, einläufiger Treppen ist zu unterscheiden in Stufen auf Unterkonstruktion (Platten, Wangen, Holmen) aufgelagert oder in den Seitenwänden eingespannt sowie Sonderkonstruktionen. Eine materialgebundene Einteilung der Treppenkonstruktion ist oft nicht möglich, vielfach bestehen tragende Bauteile, Stufen und/oder Geländer aus verschiedenen Materialien (Mischbauweise).

Abbildung 100.4-01: Treppenbauarten

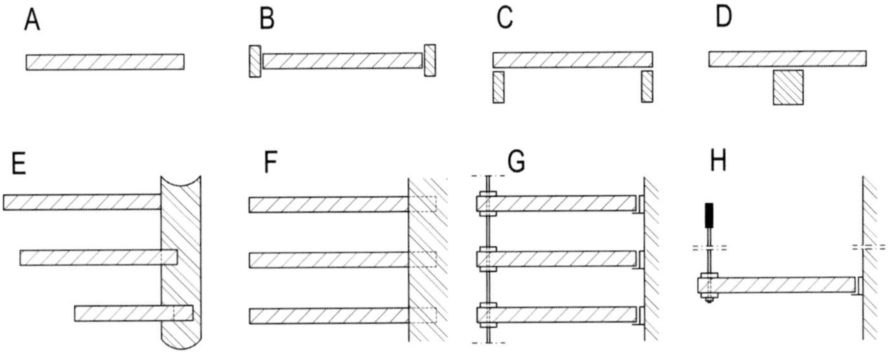

- **A MASSIVTREPPE**
- **B WANGENTREPPE**
- **C HOLMTREPPE** (AUFGESATTELTE STUFEN)
- **D EINHOLMTREPPE**
- **E SPINDELTREPPE**
- **F KRAGTREPPE**
- **G BOLZENTREPPE**
- **H ABGEHÄNGTE STUFEN**

Massivtreppen stellen den häufigsten Bautyp in herkömmlichen Baukonstruktionen dar. Die Lastabtragung erfolgt über die Lauf- und/oder Podestplatten (entweder als schräge Plattenbalken, oder als Faltwerkskonstruktionen). Wangentreppen eignen sich besonders für massenaktive Konstruktionstypen (= Konstruktionstypen, die durch biegebeanspruchte Primärkonstruktionen charakterisiert sind, das sind vor allem Treppen, deren Einzelstufen durch (schräge) Balken aus Holz, Metall oder Glas getragen werden. Holmtreppen mit aufgesattelten Stufen sind vor allem bei Stahl- und Holztreppen anzutreffen. Die Stufen werden auf den Trägern (Holmen) aufgelagert, wobei im Verbindungsbereich besonders auf die Vermeidung von Körperschall (das typische „*Knarren*" der Treppen) zu achten ist. Einholmtreppen sind besonders für Anwendungen im Stahlbau geeignet, aber auch im Beton- und Holzbau vertreten. Besonderes Augenmerk ist einerseits auf die Biegtragfähigkeit der Trittstufen (beiderseitiger Kragarm), andererseits auf die Befestigung der Trittstufen auf dem Holmträger zu legen.

Kragtreppen waren die bevorzugte Bauform bei Natursteintreppen der Spätgründerzeit. Dabei wurden die aus Naturstein („*Werksteinelementen*") hergestellten Stufen in der Treppenhausmauer eingespannt, wobei abhängig von der Bauweise zuerst das Mauerwerk hochgezogen und anschließend die Stufen eingespannt oder die Stiegenkonstruktion gemeinsam mit dem tragenden Mauerwerk errichtet wurde. Spindeltreppen sind vor allem als Holz- und Stahltreppen, zum Teil auch (meist nach tradierten Bauformen) aus Gusseisenelementen hergestellt.

Konstruktive Sonderformen wie Bolzentreppen sind durch Trittstufen charakterisiert, die einseitig auf dem Treppenhausmauerwerk auflagern und an der Außenseite durch Zugelemente abgehängt sind. Speziell bei abgehängten Stufen werden die Trittstufen an einem räumlich gekrümmten Geländerträger (meist aus Stahlprofilen gebildet) aufgehängt.

100.4.1 AUSSENTREPPEN

Beginnend von einer Treppe im Gelände mit Rundholzkanten über Natursteinstufen bis zu gemauerten Treppen und Betonfertigteilen existiert für Außentreppen eine Vielzahl von Ausbildungsmöglichkeiten. Die grundsätzliche Wahl eines Systems hängt dabei von der Anforderung an die Oberfläche und die Benutzbarkeit ab (Bilder 100.4-01 bis 17).

Abbildung 100.4-02: Außentreppen mit Hölzern und Naturstein

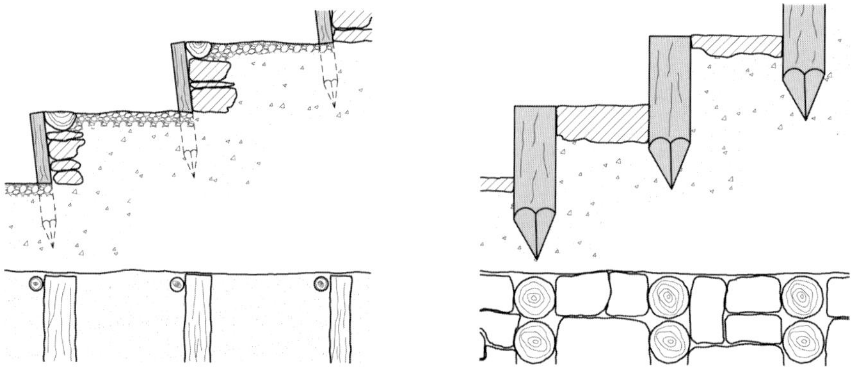

Bei der Verwendung von Rundhölzern und plattigen Natursteinen entsteht eine naturnahe Ausbildung der Abtreppung, die je nach Witterung und Untergrund in Intervallen von drei bis fünf Jahren auszubessern ist. Hinsichtlich der Stufenhöhen und Auftrittsbreiten sind bedingt durch die konstruktive Ausbildung größere Schwankungen der Abmessungen zu erwarten, die aber auf die Nutzung keine negativen Auswirkungen haben.

Abbildung 100.4-03: Außentreppen mit Naturstein

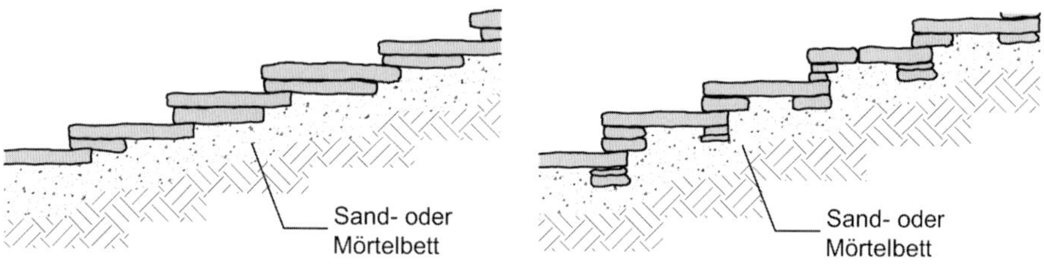

Abbildung 100.4-04: Außentreppen mit Fertigteilstufen

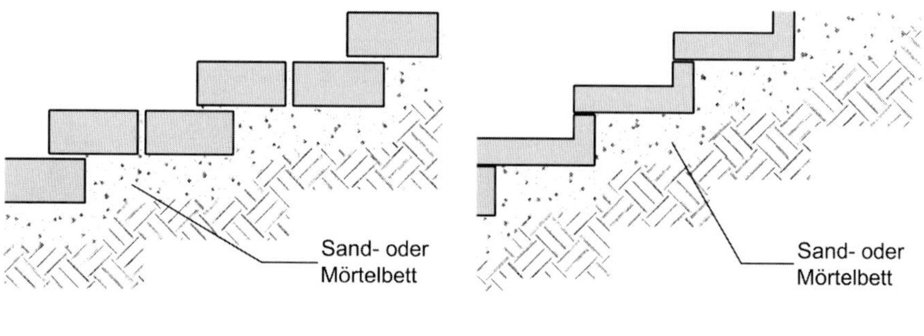

Bei der Verlegung von Natursteinen im Sand- oder Mörtelbett ist immer auf eine gute Verdichtung des Untergrundes zu achten sowie darauf, dass es über die Wintermonate zu keinen Frosthebungen kommt. Es sollte daher der gewachsene Boden unterhalb der Treppe immer ein Gefälle aufweisen, damit sich innerhalb der Frostzone keine Wasseransammlungen bilden können. Unter Umständen kann auch die Ausbildung einer seitlichen Dränage erforderlich werden.

Außentreppen aus Klinkerziegeln können unter Verwendung von nur einem Format angefertigt werden. Die Klinker werden dabei flach in ein Mörtel- oder Betonbett verlegt und die Fugen nachträglich ausgegossen.

Abbildung 100.4-05: Außentreppen mit Klinkermauerung [80]

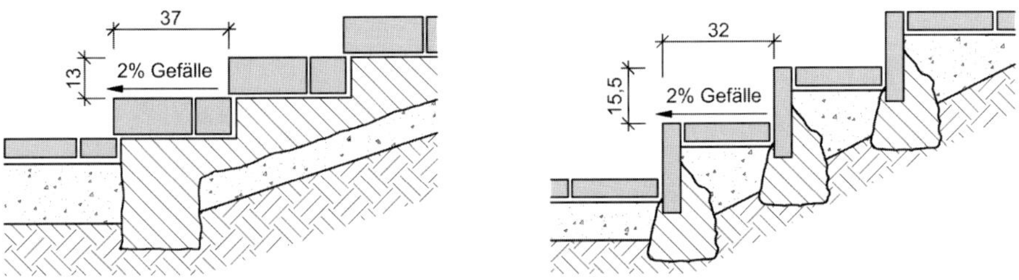

Bei Hauseingangsstufen ist besonders auf die Auflagerung (vollflächig auf entsprechend massiven Fundamentkörpern oder seitlich auf Wangenträgern oder Wangenmauern) zu achten.

- Frostsichere Gründung des Primärtragwerks (frostfrei gegründete Streifenfundamente unter dem Treppenansatz und dem -austritt).
- Werden nur die Setzstufen auf Betonstreifen gelagert, kann bei einfachen Konstruktionen von dieser Forderung abgegangen werden, falls durch einen kapillarbrechenden oder nicht feuchtigkeitsbelasteten Untergrund (z.B. Fels) sichergestellt ist, dass keine bestandsgefährdende Eislinsenbildung auftreten kann.
- Bei Verwendung von Werksteinstufen im Außenbereich ist darauf zu achten, dass keine frostgefährdeten Materialien verwendet werden.

Abbildung 100.4-06: Werksteinstufen mit Untermauerung

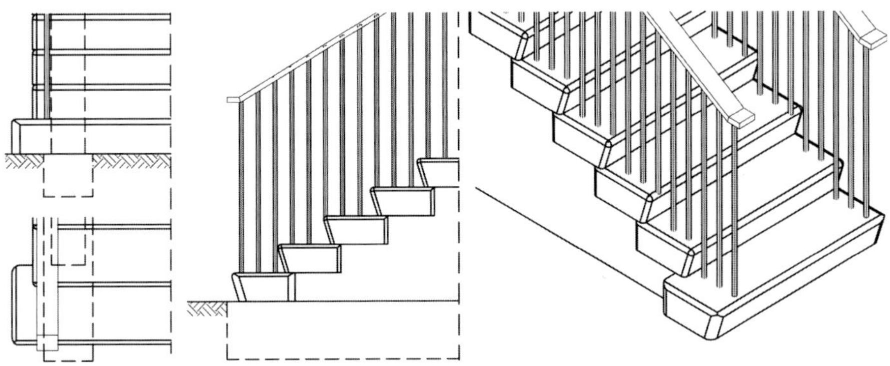

Abbildung 100.4-07: Hauseingangstreppen – Blockstufen

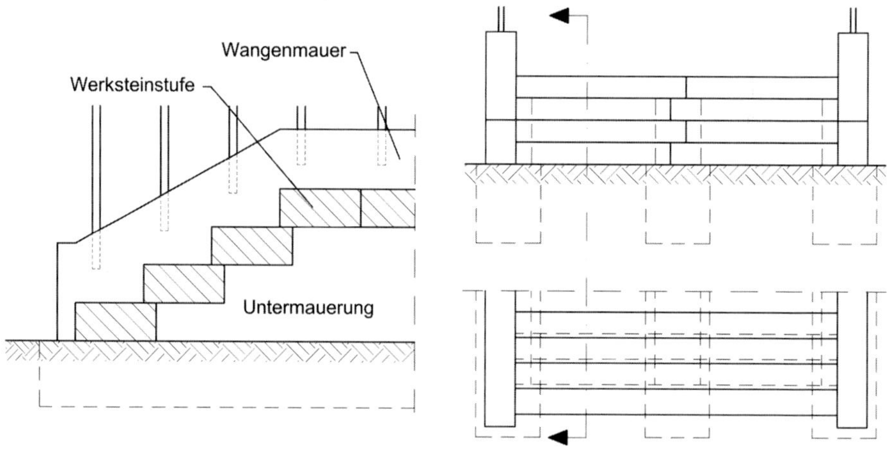

Abbildung 100.4-08: Hauseingangstreppen – Plattenstufen auf Fertigteilbalken

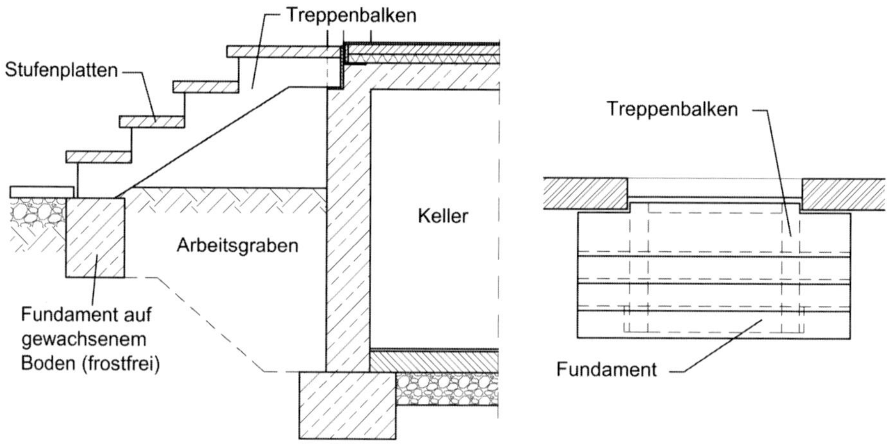

100.4.2 NATURSTEINTREPPEN

Natursteintreppen bestehen aus frostbeständigen Steinen mit hoher Abriebfestigkeit wie Granit, Basalt, Sandstein (Bilder 100.4-07 bis 16, 18 und 19). Geschoßtreppen aus Werkstein gelten nicht als brandbeständig. Bei der Ausbildung kann unterschieden werden in:

- Freitreppen
  - nach drei Seiten abgestuft
  - seitlich durch Geländer/Wangenträger abgeschlossen
- Auflagerung auf Stahlbetonwangen/Stahlwangen/-holmen
- Untermauerung
- Einspannung (nötige Einbindetiefe beachten).

Sie stellen (neben einfachen Holztreppen) die ältesten Ausführungsformen dar. Einfache Bauformen (aus einzelnen Blockstufen gebildet) wurden entweder frei gestaltet oder durch seitliche Brüstungen abgeschlossen. Später wurden untermauerte Formen ausgebildet und einzelne Natursteinstufen auf Wangen oder Trägern gelagert. Bei Einspannung der Natursteinstufen ist einerseits auf die Biegezugfestigkeit der Einzelstufen sowie den Verband des Treppenlaufes zu achten (die Untersuchungen des *„Stiegenstufen-Ausschusses im Österreichischen Ingenieur- und Architekten-Verband“* zeigten bereits am Ende des 19. Jahrhunderts, dass etwa die Hälfte der Beanspruchungen über die Tragwirkung der Einzelstufen, die andere Hälfte über die Laufwirkung abgetragen wird).

Abbildung 100.4-09: Werksteinstufen – Ausbildungsformen

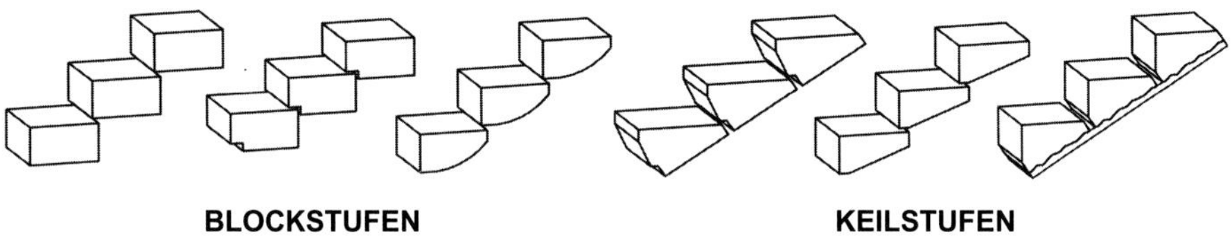

Blockstufen sind einfache Stufenformen, meist aus Werksteinblöcken gebildet, und liegen jeweils aufeinander auf, wodurch vor allem die Lauftragwirkung maßgebend ist. Derartige Treppenformen werden auch bei beidseitig aufgelagerten Stufen ausgeführt.

Abbildung 100.4-10: Auflagerung von Werksteinstufen

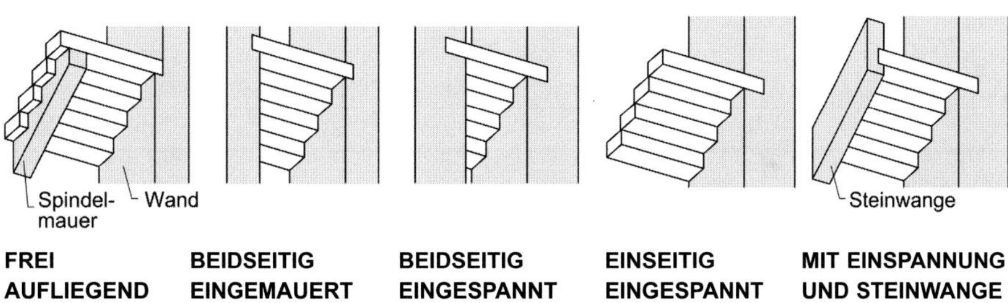

Die Auflagertiefe bei gemauerten Treppenwänden sollte mindestens 15 cm bzw. die halbe Steinlänge der Mauersteine betragen. Für eine Einspannung sind die Einspanntiefen (15 bis 30 cm) in Abhängigkeit vom Steinmaterial und der Kraglänge zu dimensionieren. Bei Stahlbeton- oder Betonmauerwerk ist bei beidseitiger Auflagerung eine Auflagertiefe von rund 6 cm vorzusehen.

Wendeltreppen aus Naturstein bestehen aus einem durchgehend gewendelten Treppenlauf, wobei die Trittstufen entweder:

- in der durchgehenden Spindel im Treppenauge eingespannt sind,
- auf der Treppenspindel und auf dem umlaufenden Treppenhausmauerwerk aufgelagert sind,
- oder auf den gewendelten Laufplatten aufliegen.

Bei der Planung derartiger Treppenkonstruktionen ist auf die Mindestauftrittsbreite der Trittstufen am inneren Rand (an der Spindel) zu achten, die in der jeweils geltenden Landesbauordnung geregelt ist (meist 13 cm).

Abbildung 100.4-11: Werksteinstiegen Wendeltreppen

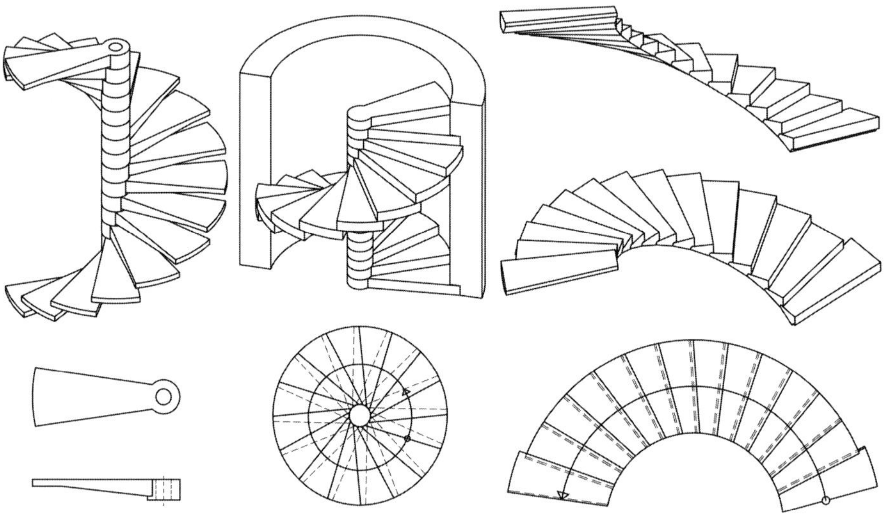

100.4.3 STAHLBETONTREPPEN

Treppen in Stahlbetonbauweise im Bereich der Wohn- und Verwaltungsgebäude sind aufgrund der rigorosen Bestimmungen hinsichtlich des Brandschutzes der überwiegende Anteil aller Treppen. Unter den Stahlbetontreppen weisen wiederum aus arbeitstechnischen Gründen diejenigen mit einer Laufplattenkonstruktion den Hauptanteil aus. Treppen mit freitragenden Einzelstufen werden nur mehr dann gebaut, wenn ein besonders leichter Eindruck der Konstruktion erzielt werden soll (Bilder 100.4-20 bis 54).

Die konstruktive Ausbildung der Laufplatten, Wangen und Holme kann erfolgen als:

- Einfeldträger, die auf den Podesträndern auflagern (A)
- geknickte Träger (B)
- Kragträger (C).

Abbildung 100.4-12: Konstruktive Ausbildungsformen – Stahlbetontreppen

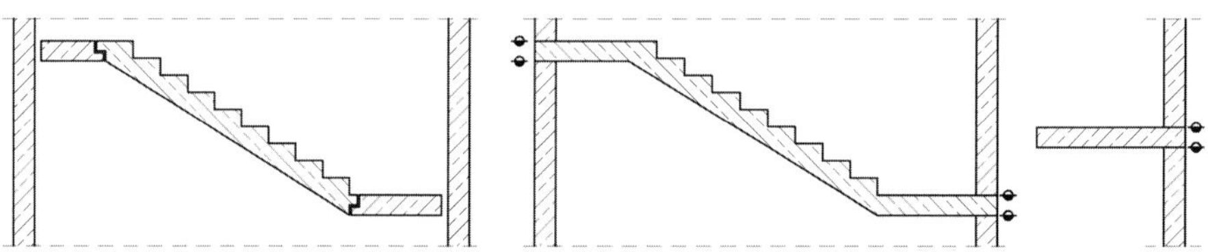

Die früher vorherrschende Form der auf dem Stiegenhausmauerwerk allseitig oder an den Seitenwänden aufliegenden geknickten Träger wurde wegen der notwendigen Körperschalltrennung zunehmend zugunsten einer schalltechnisch getrennten Auflagerung einfacher Laufplatten auf den Podestplatten (mit schwimmendem Estrich)

aufgegeben. Dementsprechend stellen Einfeldträger die heute gängigste Bauform im Wohn- und Verwaltungsbau dar.

Das Material der Stufenbeläge besteht dabei aus Natur-, Betonwerkstein oder keramischen Platten, die satt im Mörtel verlegt werden. Für die Stufenausbildung sind Laufplatten mit aufgesetzten oder integrierten Stufen bis zu ganzen Treppenläufen aus Stahlbetonfertigteilen möglich.

Bei zweiläufigen Treppen sollte aus architektonischen Erwägungen die Knicklinie an der Untersicht des Überganges von Laufplatte zu Podestplatte durchgehen. Lotrecht über den Knicklinien schneiden sich auch die Oberkanten des ankommenden und des aufsteigenden Geländerteiles. Grundsätzlich kann, wie in Kapitel 100.2 dargestellt, zwischen mehreren Fällen unterschieden werden. Vor allem für die Erstellung eines Schalungsplanes ist es notwendig, den Abstand der Knicklinie von der Vorderkante der letzten Stufe zu berechnen.

Abbildung 100.4-13: Stahlbetontreppen – Ausbildungsformen

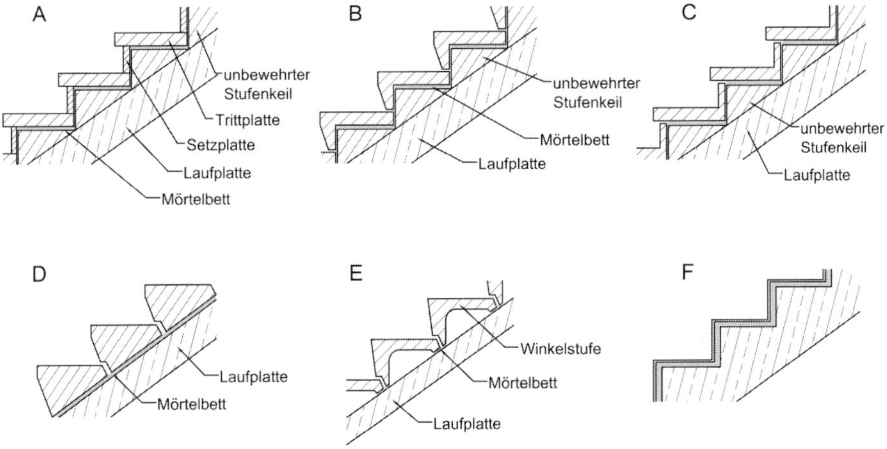

A	**TRITT- UND SETZPLATTEN**	**B**	**WINKELSTUFEN**
C	**L-STUFEN (WINKELSTUFEN)**	**D**	**KEILSTUFEN**
E	**HOHLSTUFEN (WINKELSTUFEN)**	**F**	**BELAG (FLIESEN, TEPPICH)**

Immer häufiger finden auch Fertigteiltreppen Verwendung, die nicht mehr nur dann zum Einsatz kommen, wenn viele gleiche Bauteile vorliegen, sondern auch schon für Einzelteile gefertigt werden. Die Vor- und Nachteile sind generell jene des Fertigteilbaus, wobei speziell Treppen sehr aufwändig zu schalen sind und Fertigteile daher ihre besondere Berechtigung haben. Bei der Konzeption der Fertigteiltreppen ist auf eine für die Fertigung günstige Form zu achten, vor allem, wenn nur der Treppenlauf vorgefertigt wird, die Podeste aber aus Ortbeton bestehen. Üblicherweise wird der Treppenlauf in Negativlage gefertigt, d.h. die Untersicht der Treppe sollte eine Ebene bilden, aus der keine Teile hervorstehen, da dies mit einem bedeutenden Mehraufwand und damit auch mit Mehrkosten verbunden ist. Anders verhält es sich, wenn die gesamte Stiege vorgefertigt wird. Die Hersteller bieten üblicherweise maßgeschneiderte Lösungen für alle erdenklichen Stiegenformen an.

Abbildung 100.4-14: Stufenausteilung – Details Bereich Knicklinie – Ortbetontreppen

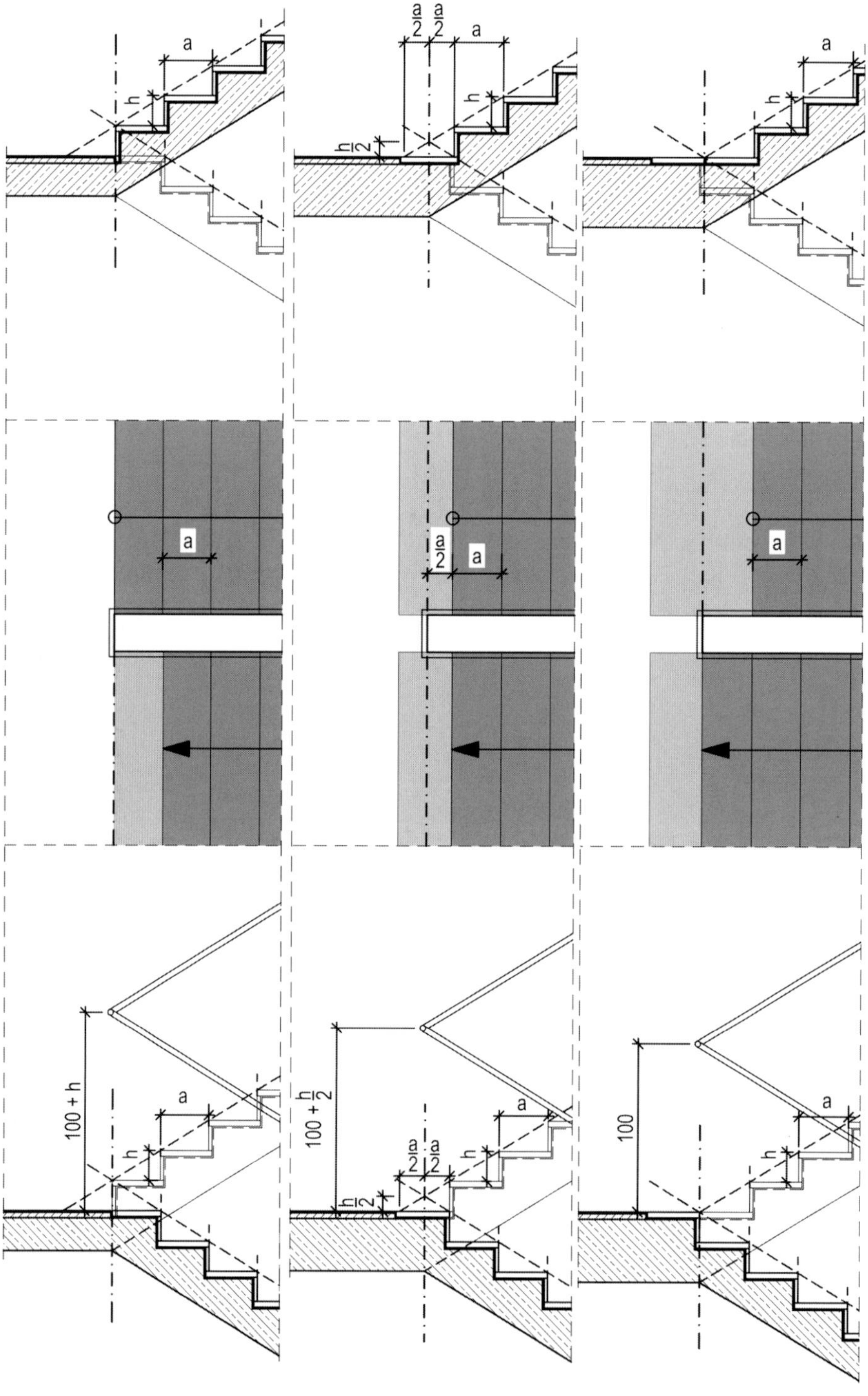

Abbildung 100.4-15: Stufenausteilung – Details Bereich Knicklinie – Tronsolen

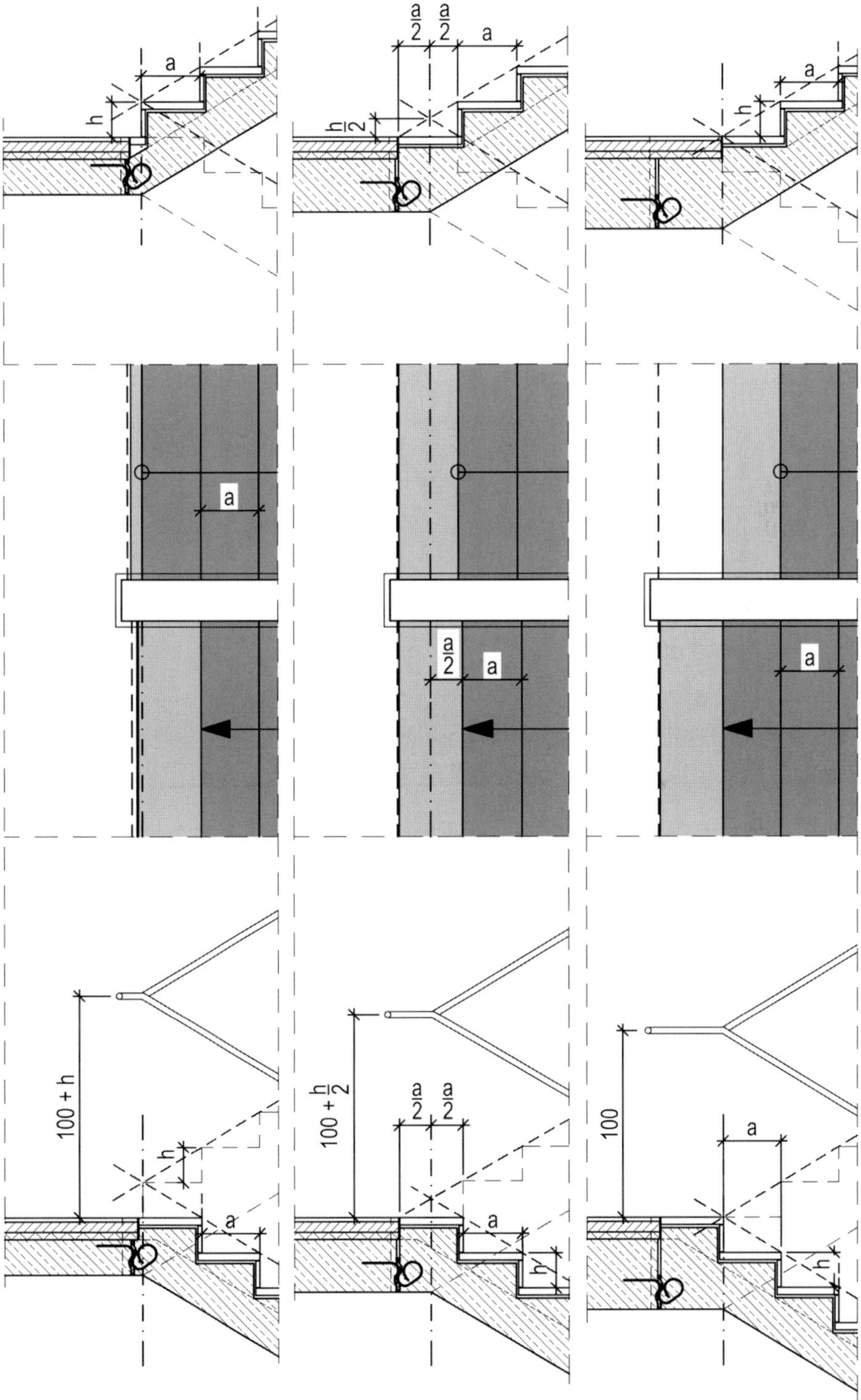

Abbildung 100.4-16: Stufenausteilung – Details Bereich Knicklinie – Fertigteil

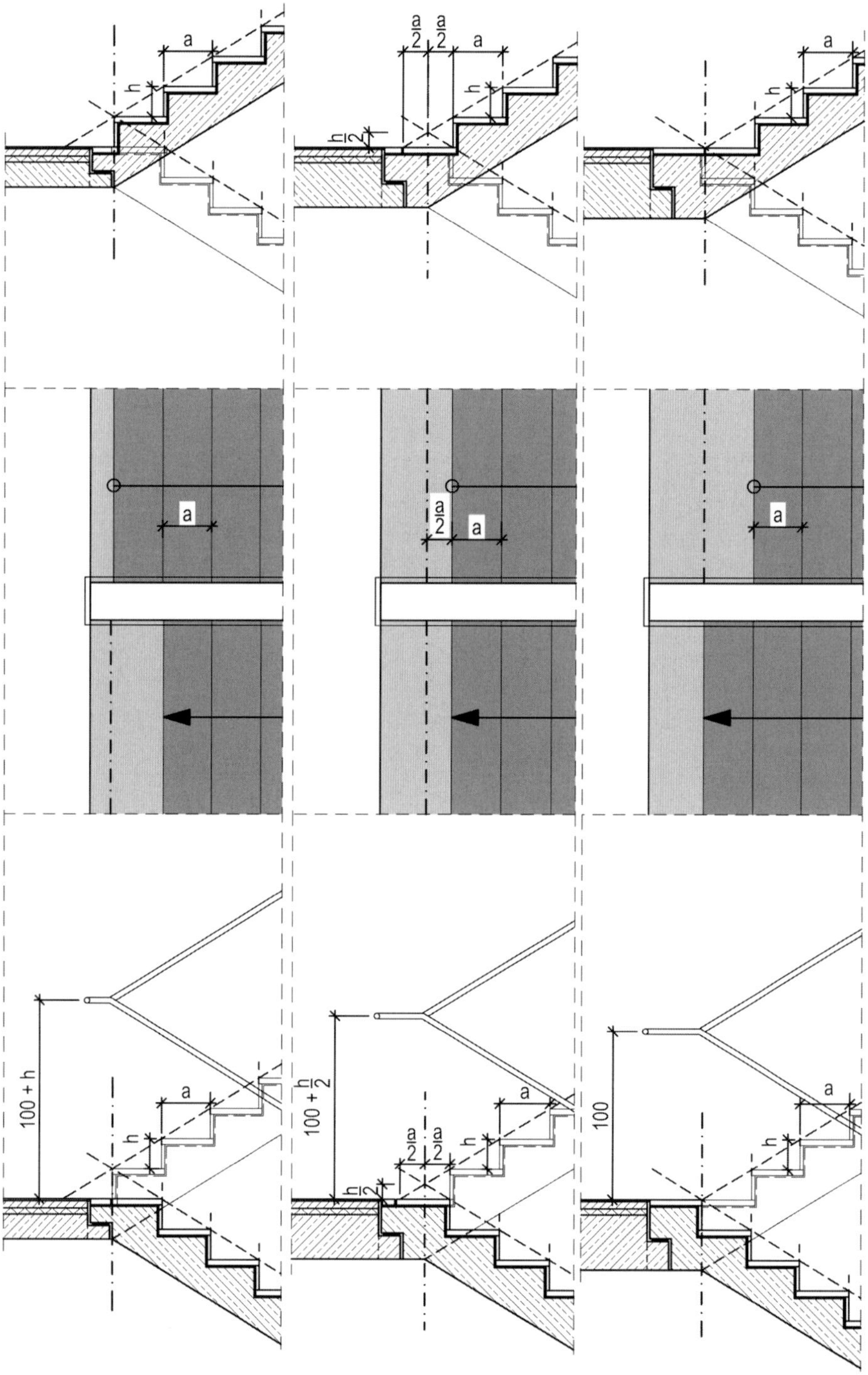

Beispiel 100.4-01: Grundrissformen für Fertigteiltreppen [77]

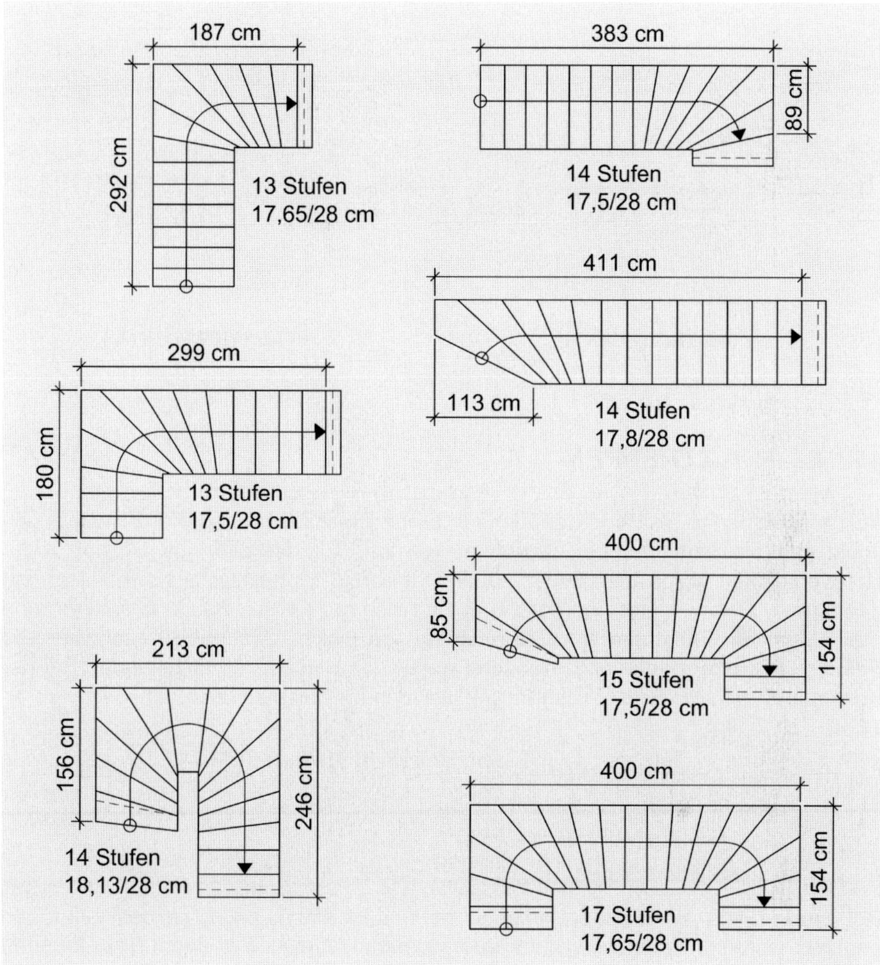

Abbildung 100.4-17: Auflagerdetails Fertigteiltreppen [77]

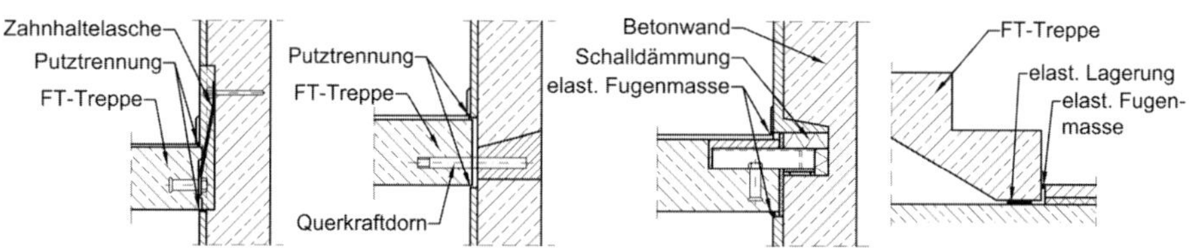

ZAHNHALTELASCHE **VERHÄNGUNG MIT QUERKRAFTDORN** **BRÜSTUNGSANKER** **FUSSDETAIL**

Bei konventionellen Treppengeometrien kann die erforderliche Körperschalldämmung der Treppenläufe einfach durch Einbau elastisch gelagerter Fertigteil-Treppenläufe erreicht werden. Bei komplizierteren Treppengeometrien ist diese Trennung durch Ortbetonkonstruktionen mit integrierten Körperschall-Trennelementen („*Tronsolen*") erzielbar.

Abbildung 100.4-18: Ortbetontreppenlauf Einbaudetail Tronsole [79]

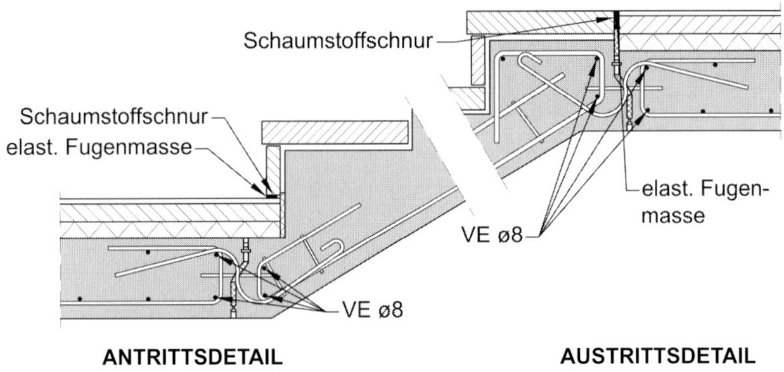

100.4.4 HOLZTREPPEN

Holztreppen dürfen als Haupttreppe nur in Einfamilienhäusern und Wohnhäusern und sonst nur als Nebentreppe verwendet werden. Sie werden aus Vollholz oder Holzwerkstoffen hergestellt (Bilder 100.4-55 bis 68). Einheimische Nadelhölzer wie z.B. Tanne, Fichte, Kiefer und Lärche eignen sich gut für den Bau von Wangen und Setzstufen. Für Trittstufen sind sie allerdings zu weich. Dazu sind Laubhölzer wie Eiche, Esche oder gedämpfte Rotbuche wegen ihrer Härte besser geeignet. Bei der Konstruktion von Holztreppen unterscheidet man in Konstruktionen mit:

- Blockstufen
- eingeschobenen Stufen
- halbgestemmten Stufen
- eingestemmten Stufen
- aufgesattelten Stufen.

Bei Einsatz von Holztreppen müssen besonders die Brandschutzbestimmungen beachtet werden. Die erforderliche Feuerwiderstandsdauer wird durch Bekleidungen oder die Einhaltung von Mindestquerschnitten erreicht. Die Verleimung von Massivhölzern erfolgt als stumpfe Verleimung, Keilzinken-Verleimung oder Feder-Verleimung.

Abbildung 100.4-19: Holztreppen Ausbildung der Trittstufen [2]

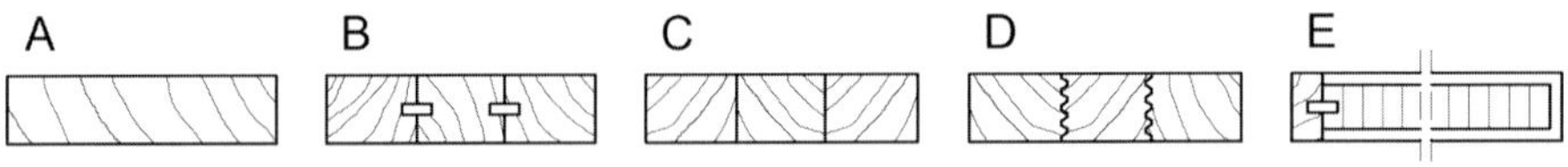

A VOLLHOLZSTUFE
B FEDERVERLEIMTE STUFE
C FEDERVERLEIMTE STUFE – STUMPF
D FEDERVERLEIMTE STUFE – MINIZINK
E VERBUNDSTUFE MIT UND OHNE UMLEIMER

Besonders bei Verwendung von Vollholzquerschnitten ist auf die Lage des Kernes zu achten, da durch das Schwinden der Hölzer die gesicherte Auflagertiefe der Trittstufen gefährdet sein kann und ein ungewolltes „*Knarren*“ bei der Benutzung eine Lärmbelästigung darstellt.

Abbildung 100.4-20: Holztreppen Lage der Bretter, Bohlen [5]

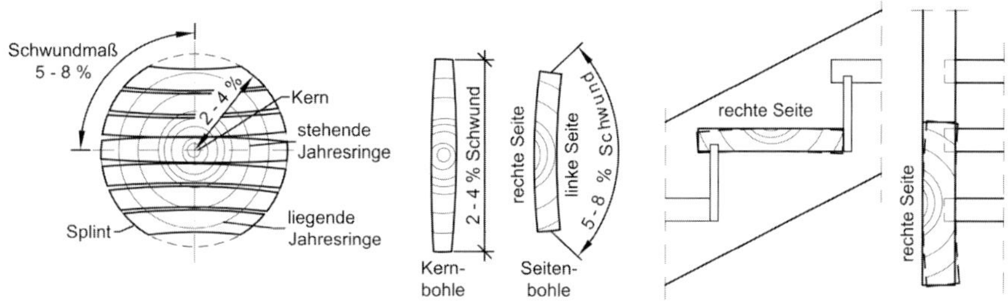

Die Verbindung der Trittstufen mit den Wangenträgern kann ohne Schraubenbolzen mittels schwalbenschwanzförmiger Nut (bei eingeschobenen Stufen) oder über Keile erfolgen. Treppenschrauben verspannen entweder beide Wangenträger gegen die Trittstufen, oder es werden kurze Schraubenbolzen an den Enden der Trittstufen versetzt.

Abbildung 100.4-21: Holztreppen Verbindung Trittstufe – Wangenträger [2]

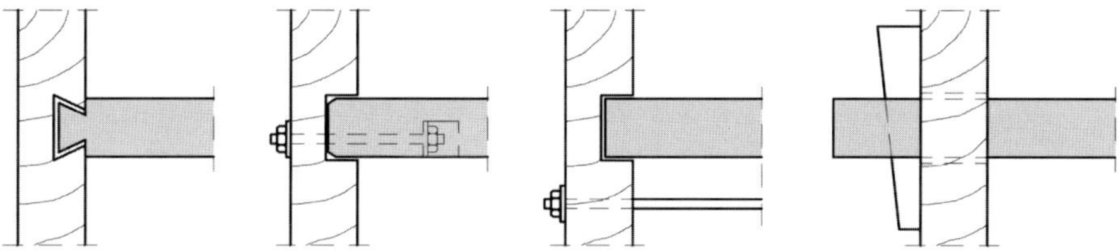

SCHWALBEN-SCHWANZ-VERBINDUNG | **ZUGSTAB-VERBINDUNG (KURZ)** | **ZUGSTAB-VERBINDUNG** | **KEIL-VERBINDUNG**

Setzstufe und Trittstufe sind im Regelfall mit einer Vernutung verbunden, wobei zur Vermeidung von Knarrgeräuschen eine vertikale Berührung nur in Treppenmitte erfolgen sollte.

Abbildung 100.4-22: Holztreppen Verbindung Trittstufe – Setzstufe [3]

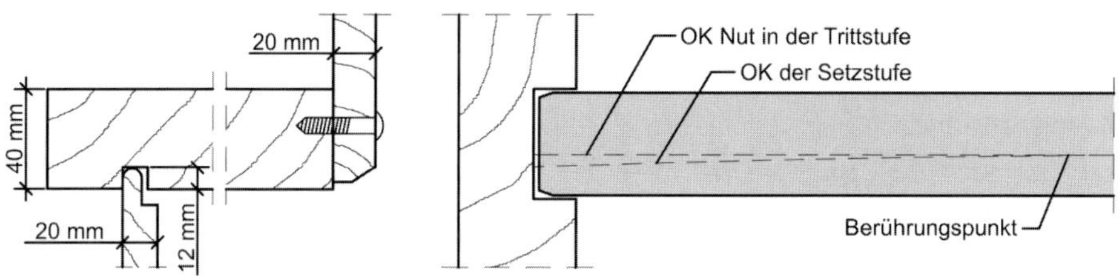

Die Auflagerung der Wangenträger kann bei unsachgemäßer Ausführung zu Rissbildungen in den Wangenträgern führen. Aus diesem Grund ist entweder eine Bolzensicherung im Auflagebereich oder ein Stahleinbauteil mit Tragbolzen für die Auflagerausbildung vorzusehen.

Abbildung 100.4-23: Auflager von Treppenholmen und -wangen [3]

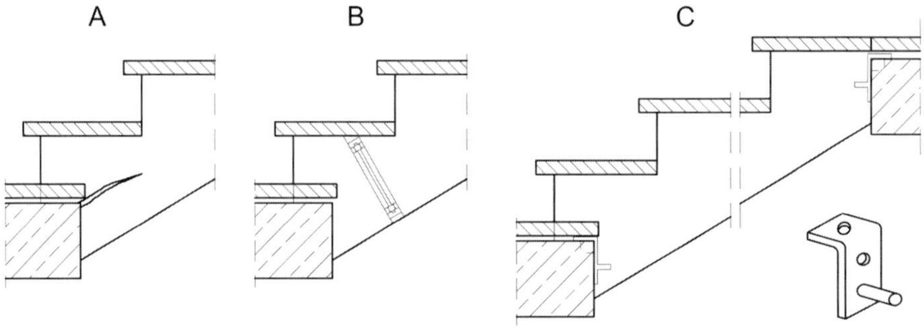

A. **RISSGEFAHR AM HOLMAUFLAGER**
B. **BOLZENSICHERUNG GEGEN RISSGEFAHR**
C. **HOLMAUFLAGER MIT TRAGBOLZEN**

Blockstufen

Blockstufen bestehen aus Massivholz oder brettschichtverleimten Stufen, die auf zwei oder mehreren Tragholmen, Stiegenbalken, -bäumen aufgedübelt oder aufgenagelt werden. Die Stoßflächen der Einzelstufen sind dabei waagrecht oder rechtwinkelig zur Stiegenbalkenoberfläche ausgebildet. Abrutschsicherungen werden durch versatzförmige Einkerbungen hergestellt. Bei den eingestemmten und eingeschobenen Stufen ist die unterste bzw. die oberste Stufe meist als Blockstufe ausgebildet.

Abbildung 100.4-24: Holztreppen – Blockstufen

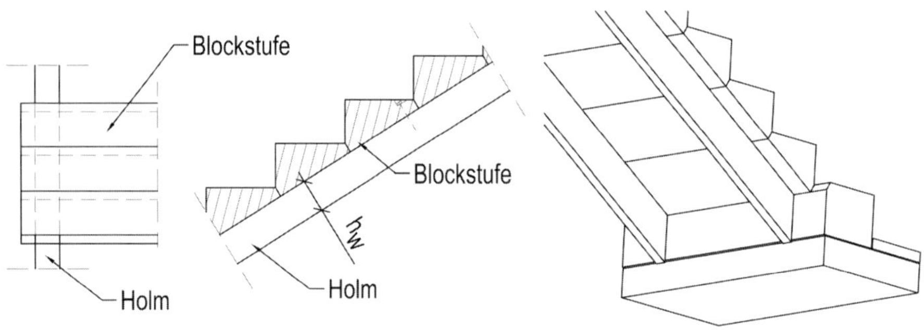

Aufgesattelte Stufen

Bei der aufgesattelten Treppe werden die Trittstufen auf die Wangen (Holmen) gesetzt. Die Stufenform wird also nicht in die Wangen eingestemmt, sondern aus den Wangen ausgeschnitten oder mithilfe von Zwischenstücken aufgesetzt. Durch ein abgestuftes Ausschneiden werden die Wangen entscheidend geschwächt und verlieren dadurch ihre Funktion, sie sind nur mehr Tragholme. Aufgesattelte Treppen eignen sich normalerweise nicht für gewendelte Treppen. Durch das Verschieben der Tragholme nach innen entstehen auskragende Stufen, die eine Reihe von Gestaltungsmöglichkeiten bieten. Auch eine Kombination von Materialien ist leicht möglich.

Abbildung 100.4-25: Holztreppen – aufgesattelte Stufen

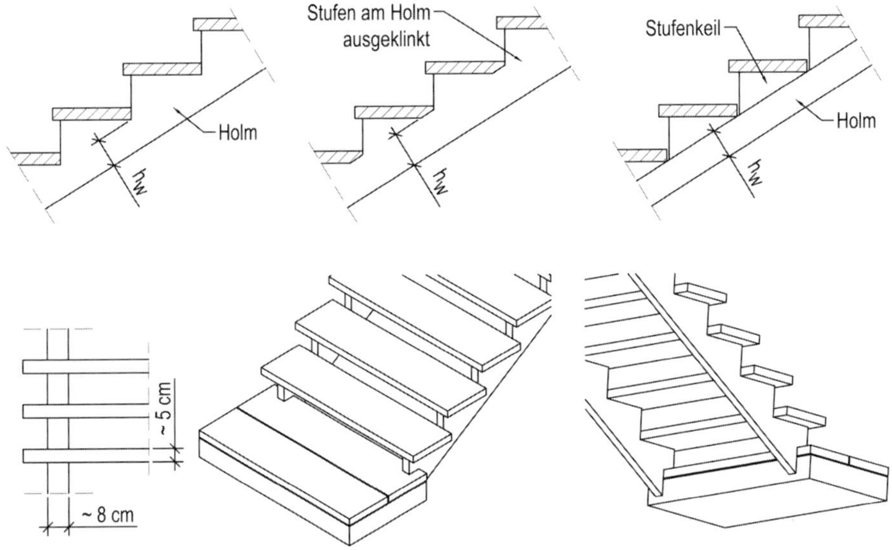

Eingeschobene Stufen

Zwei Holzwangen werden auf dem unteren Podestbalken aufgeklaut und an den oberen Podestbalken gelehnt. Die Trittstufen werden *„auf Grat"* von vorne oder hinten in seitliche Nuten der Wangenträger eingeschoben. Die Sicherung der Stabilität erfolgt durch schwalbenschwanzförmige Holzverbindungen oder Schraubenbolzen. Die Wangen sind durch Stahllaschen auf den Decken und den Podesten befestigt. Die Trittstufen werden an ihrer Rückseite parallel zu den Wangen abgeschrägt und eventuell verkleidet. Eingeschobene Stiegen stellen einfache Konstruktionen für untergeordnete Zwecke dar. Es können nur gerade Läufe mit steiler Steigung gefertigt werden. Die Konstruktion stellt im Eigentlichen eine verbesserte Leiter dar.

Abbildung 100.4-26: Holztreppen – eingeschobene Treppe

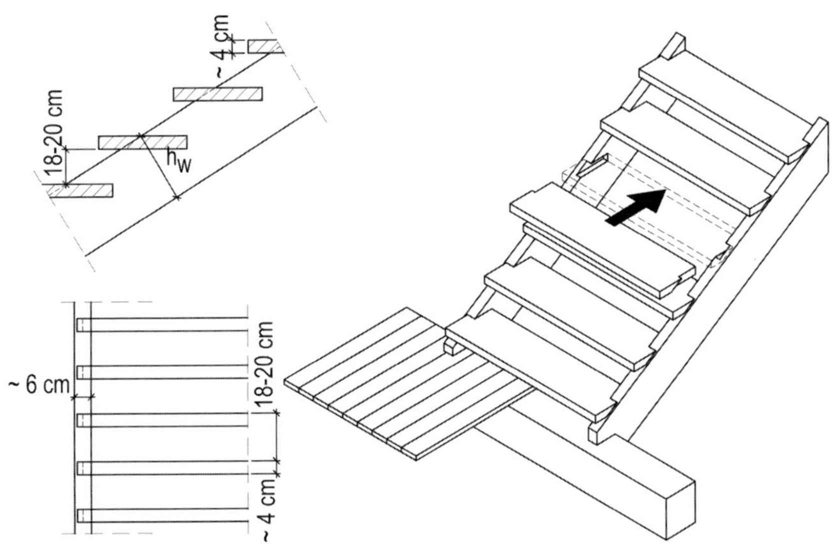

Halbgestemmte Treppe

Bei halbgestemmten Treppen werden die Trittstufen vor dem Zusammenfügen der Wangen in ausgestemmte Nuten gesteckt (nicht von vorne eingeschoben). Die Wangen laufen ober- oder unterhalb der Trittstufen ca. 5 cm breit ohne Nuten durch. Da bei dieser Treppenart keine Schwalbenschwanznuten ausgeführt werden können, müssen die Wangen durch unter den Trittstufen geführte Treppenschrauben zusammengehalten werden. Dies erfolgt bei cirka jeder vierten Stufe. Ähnlich wie bei der eingeschobenen Treppe können nur gerade, steile Läufe hergestellt werden.

Abbildung 100.4-27: Holztreppen – halbgestemmte Treppe

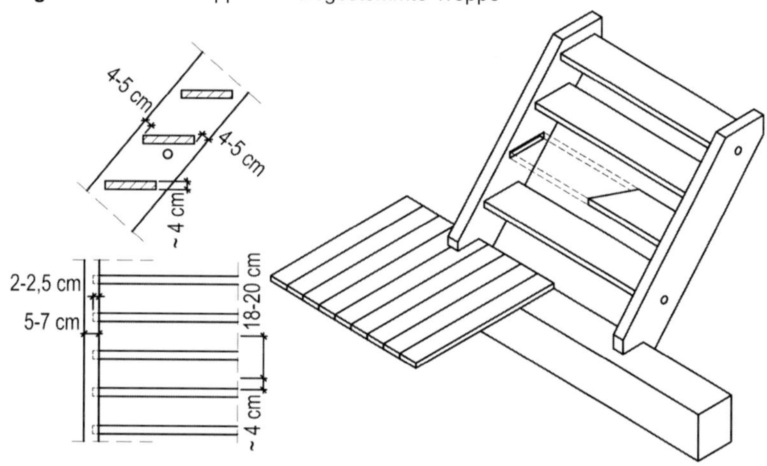

Eingestemmte Treppe

Eingestemmte Treppen stellen für Holztreppen die beste und häufigste Konstruktion dar. Sowohl die Tritt- als auch Setzstufen werden in gestemmte oder gefräste Nutungen im mittleren Bereich der Wangen eingesetzt. Durch die Verbindung und Verspannung von Wangen, Tritt- und Setzstufen entsteht eine Konstruktion von hoher Steifigkeit, die die auftretenden Lasten gut verteilt und auch eine Wendelung der Treppe gestattet. Der Zusammenhalt der Wangen erfolgt durch Schraubenbolzen (unter der Trittstufe). Die Antrittsstufe ist als Blockstufe ausgebildet und durch in den Fußboden eingelassene Bolzenanker gesichert.

Abbildung 100.4-28: Holztreppen – eingestemmte Stufen

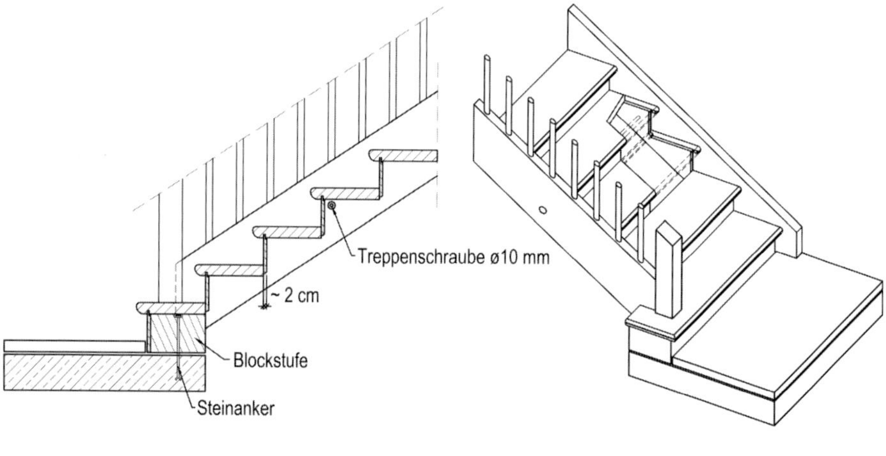

Die Trittstufen sind etwa 4 bis 5 cm stark und werden seitlich 2 cm in die Wangen eingestemmt. Die Setzstufen dienen zur Unterstützung der Trittstufen und zur Verhinderung der Durchsicht. Sie sind meist 20 bis 25 mm stark und werden in die obere Trittstufe eingenutet, an die untere Trittstufe von hinten angenagelt. Dadurch kann auch leicht eine Vorspannung hergestellt werden, die ein Knarren der Stufen beim Begehen verhindert.

Einholmtreppen

Die Montage der Trittstufen kann bei Einholmtreppen entweder mit einer sichtbaren Verschraubung von der Oberseite oder Versetzen von verleimten Stabdübeln erfolgen. Bei besonders langen Treppenläufen ist auf die Bemessung der Torsionskräfte aus einer einseitigen Belastung zu achten. Zur Reduktion der Biegebeanspruchung der beidseitig auskragenden Trittstufen ist die Ausführung von konisch auf den Tragholm zulaufenden Setzstufen möglich, wodurch einerseits geringere Befestigungsmaßnahmen der Trittstufen, aber andererseits auch eine Behinderung des freien Durchblickes entsteht.

Abbildung 100.4-29: Holztreppen – Einholmtreppen

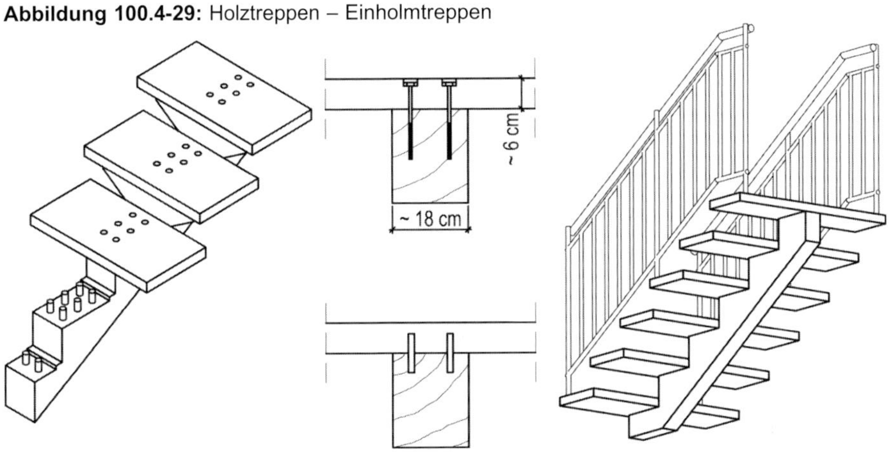

100.4.5 STAHLTREPPEN

Aufgrund der mechanischen Eigenschaften und der damit realisierbaren Querschnitte und Knotenpunkte lassen sich aus Stahl leichte Konstruktionen mit hohen Verkehrslasten bauen. Stahltreppen werden vorwiegend im Industriebau und als Rettungswege in mehrgeschoßigen Bauten eingebaut (Bilder 100.4-69 bis 85). Beim Einsatz in Wohnräumen werden die Stufen meistens aus Holzwerkstoffen oder Steinplatten hergestellt. In Österreich finden sie wegen rigoroser Brandschutzbedingungen nur wenig Verwendung. Zusätzliche Vorkehrungen zur Gewährleistung des baulichen Brandschutzes sind erforderlich (Betonummantelung von tragenden Wangen, Holmen, Feuerschutzplatten, aufschäumende Anstriche). Die Trittstufen bestehen aus abgekanteten Stahlblechen, Stahlhohlprofilen, Gitterrosten, Naturwerkstein, Betonwerkstein, Massiv- oder Brettschichtholz. Stahltreppen lassen sich herstellen als:

- Zweiwangentreppen mit zwischengespannten Stufen
- Zweiholmtreppen mit aufgesetzten Stufen
- Einholmtreppen mit aufgespannten Stufen
- Kragtreppen mit frei auskragenden Stufen
- Hängetreppen mit aufgehängten Stufen.

Abbildung 100.4-30: Konstruktionsmöglichkeiten von Stahltreppen [2]

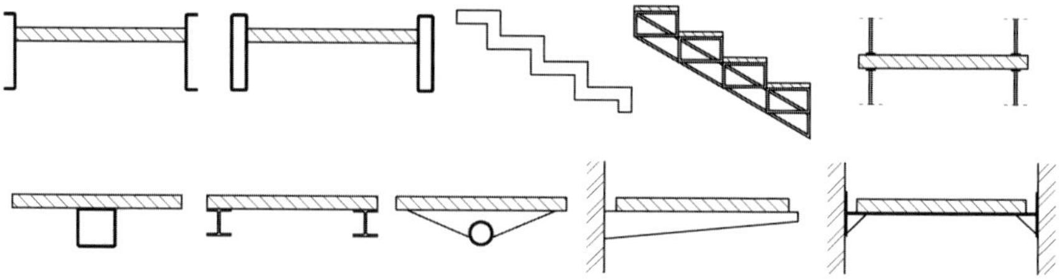

Bei Wangentreppen werden die Stufen fest zwischen den seitlichen Wangen montiert. Setzstufen fehlen häufig, weil sie konstruktiv nicht notwendig sind. Die Wangenausbildung erfolgt aus geschnittenen Blechen oder verschweißten Normalprofilen. Geländerstäbe und Pfosten werden auf oder seitlich an den Wangen befestigt. Ihre Anordnung ist von der Stufeneinteilung abhängig.

Einholmtreppen mit aufgespannten Stufen bilden eine konstruktive Einheit. Der Holmquerschnitt und das Stufenauflager müssen ausreichen, um die Stufen in der Laufmitte fest anzuschließen. Breite Läufe erfordern zusätzlich Unterstützungen, die vom Mittelholm ausgehen und in Form von Kragarmen flächig, linienförmig oder punktweise wirken. Bei zweiholmigen Treppen ruhen die Stufen seitlich auf konsolenartigen Stützelementen, die auf den Holmoberkanten aufgesattelt sind. Die Stützelemente sind geschweißte Bleche, abgekantete Flachstähle, gebogene Stäbe oder geschnittene Profile.

Abbildung 100.4-31: Stahltreppen – Auflagerung Trittstufen [3]

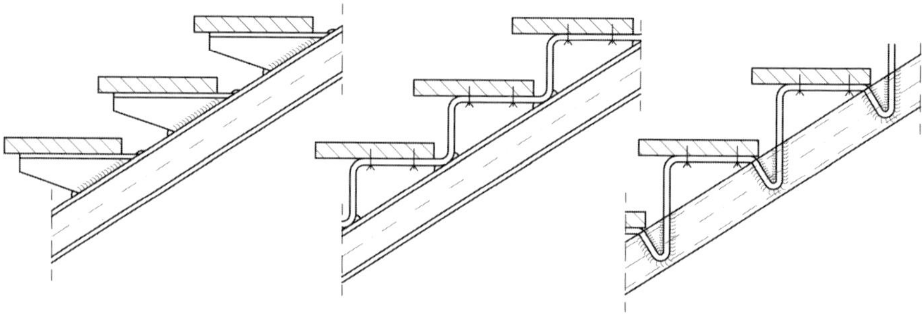

Stiegen mit auskragenden oder einseitig aufgehängten Stufen sind durch die Art der Stufenbefestigung bestimmt. Entweder ist die einzelne Stufe als Kragarm z.B. an einer Spindel ausgebildet, oder der freie Arm der Stufe ist von tragenden Bauteilen mit Seilen oder Stäben abgehängt.

100.4.6 LEITERN

Für behelfsmäßige Aufstiege zu Dachböden, Flachdächern oder untergeordneten Bereichen können Leitern oder Leiterstiegen situiert werden. Bei Leitern ist ab einer Höhe von 3 m eine durchlaufende Rückensicherung erforderlich, höchstens alle 8 m sind Plattformen anzuordnen (Bilder 100.4-96 bis 102).

Abbildung 100.4-32: Leitern

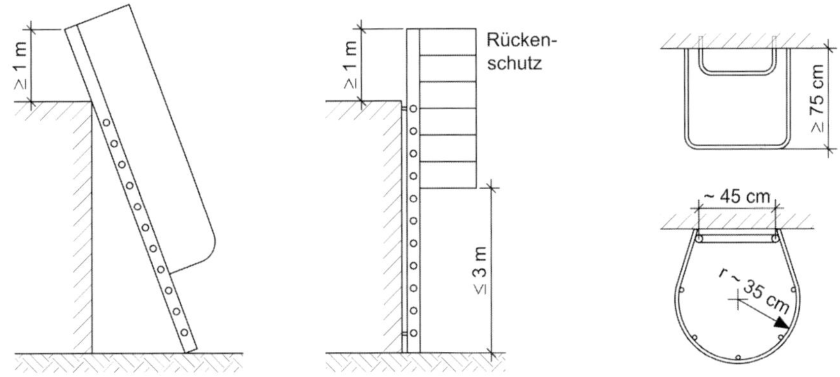

Besonders bei Wohnhäusern werden für den Aufstieg zum Dachboden oft Leiterstiegen, die mit einschiebbaren, einklappbaren oder scherenartig ausziehbaren Stufen versehen sind, angeordnet. Die erforderlichen Lukenmaße liegen dabei bei Breiten von rund 70 cm und Längen von 120 bis 140 cm.

Abbildung 100.4-33: Einschubtreppe [10]

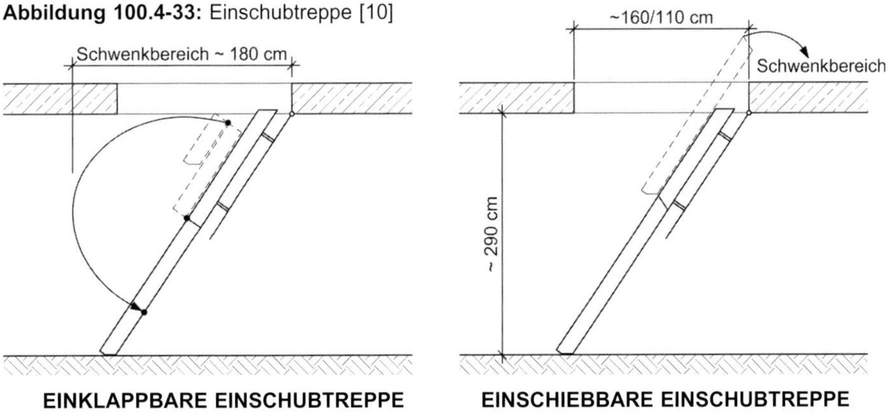

100.4.7 GELÄNDER UND HANDLAUF

Bei Treppen und Podesten sind die freien Seiten als Absturzsicherung mit einer Umwehrung (Geländer, Brüstung, Balustrade etc.) zu versehen (Bilder 100.4-86 bis 95).

Beispiel 100.4-02: Treppengeländer laut Wiener Bauordnung [24]

> Geländer für Stiegen müssen mindestens 100 cm hoch sein, wobei die Geländerhöhe bei Stiegen lotrecht von der Trittkante bis zur Geländeroberkante zu messen ist. Die Geländerkonstruktion ist so auszuführen, dass Kinder weder daran hochklettern noch durchkriechen können, ein Leitereffekt ist zu verhindern. Für die Füllung von Geländern dürfen nur solche Baustoffe verwendet werden, die bei einer Beschädigung nicht zu einer Gefahr bringenden Zersplitterung führen.

Außer bei Wohnungstreppen sind zumindest ein, besser aber an beiden Seiten Handläufe in einer Höhe von 90 cm über der Trittkante bzw. über der Podestfußbodenoberfläche anzubringen. Im Bereich der Zwischenpodeste sollten die Handläufe nicht unterbrochen werden, bei Hauptpodesten sollten sie an beiden Enden jeweils

40 cm länger als die Stiegenläufe sein. Auf eine griffgerechte Ausführung und einen ausreichenden Wandabstand ist zu achten. Bei Brüstungen und Balustraden mit einer oberen Breite von mindestens 20 cm darf die erforderliche Höhe um die halbe Brüstungsbreite abgemindert, das Mindestmaß von 85 cm jedoch nicht unterschritten werden.

Abbildung 100.4-34: Geländerformen – Geländerstäbe

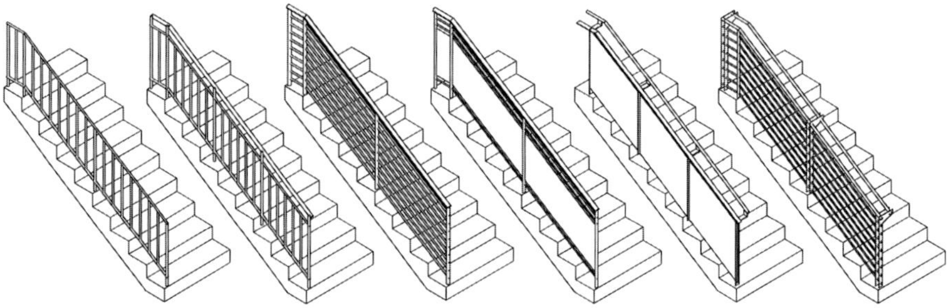

Bei der Konstruktion des Geländers ist die horizontale Belastung, die laut ÖNORM B 4012, Belastungsannahmen im Bauwesen – Veränderliche Einwirkungen – Nutzlasten, angesetzt werden muss, zu berücksichtigen. Je nach Nutzung und Gebäudetyp ist mit einer Horizontallast von 0,5 bis 1,0 kN/m zu rechnen.
Die Bestimmungen der Baugesetze und Normen betreffen hauptsächlich:

- Anordnung bei Absturzgefahr
- Höhe des Geländers (abhängig von Geschoßanzahl/Höhe über Gelände)
- Abstand der Geländersprossen.

Abbildung 100.4-35: Umwehrung bei Treppenläufen [56]

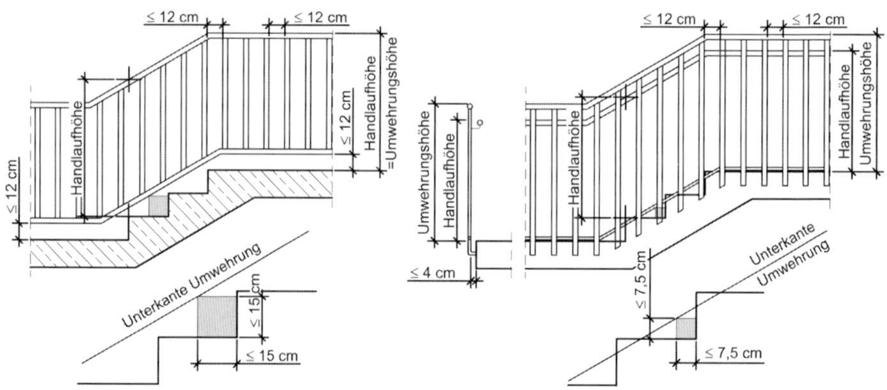

ÜBER TREPPENLAUF **NEBEN TREPPENLAUF**

Als Schutz gegen das Hochklettern und Durchkriechen von Kindern sind nach ÖNORM B 5371 [55] nachfolgende Regeln einzuhalten:

- Öffnungen in der Umwehrung dürfen zumindest in einer Richtung nicht größer als 12 cm sein.
- Im Bereich von 15 cm bis 60 cm Höhe dürfen keine Umwehrungsteile oder Öffnungen, die breiter als 2 cm sind und ein Klettern erleichtern, vorhanden sein.
- Liegt die Umwehrung über dem Treppenlauf, so ist die Unterkante so auszubilden, dass zwischen ihr und den Stufen nicht mehr als ein Würfel mit

einer Kantenlänge von höchstens 15 cm durchgeschoben werden kann. Der lichte Abstand der Podeste darf lotrecht gemessen 12 cm nicht übersteigen.

- Liegt die Umwehrung neben dem Treppenlauf (mit einem Abstand von höchstens 4 cm), so ist die Unterkante so auszubilden, dass zwischen ihr und den Stufen nicht mehr als ein Würfel mit einer Kantenlänge von höchstens 7,5 cm durchgeschoben werden kann.

Für die Befestigung der Geländerstäbe und Tragstäbe bestehen folgende grundsätzliche Möglichkeiten:

- auf oder zwischen den Stufen (A, B)
- seitlich an den Laufplatten (C)
- auf oder seitlich an den Wangen (D)
- an Kragarmen (E)
- zwischen Fußboden und Decke (F).

Abbildung 100.4-36: Befestigung von Geländerstäben [3]

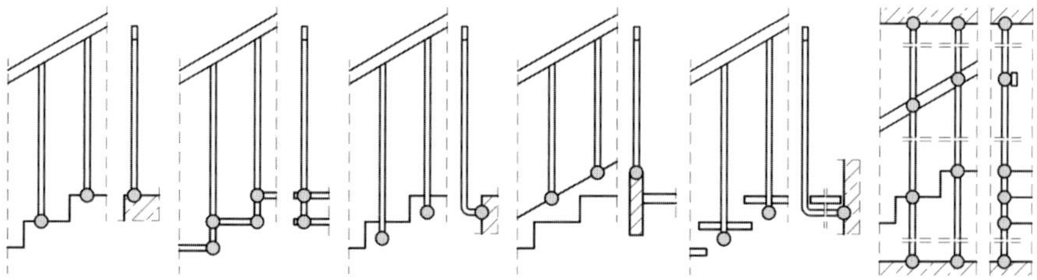

A B C D E F

Bei allgemeinen Gebäudetreppen sollte ein zusätzlicher Handlauf in einer lotrechten Höhe von 75 cm bis 90 cm über den Stufenvorderkanten angeordnet werden. Die Enden von Handläufen sind so gestalten, dass ein Hängenbleiben mit Kleidungsstücken möglichst verhindert wird. Zur sicheren Benützung empfiehlt sich bei einer Handlaufstärke von 4 bis 5 cm ein Wandabstand von mindestens 4 cm.

Abbildung 100.4-37: Handlaufführung und Handlaufprofil [56]

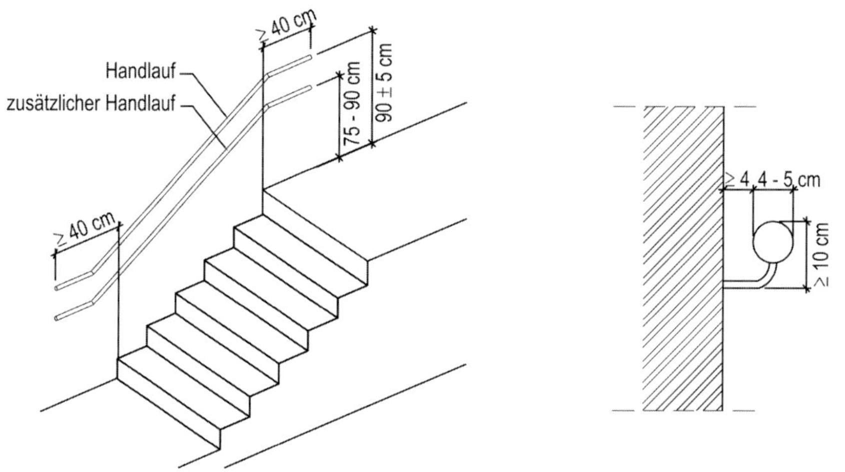

Abbildung 100.4-38: Handlaufformen [10]

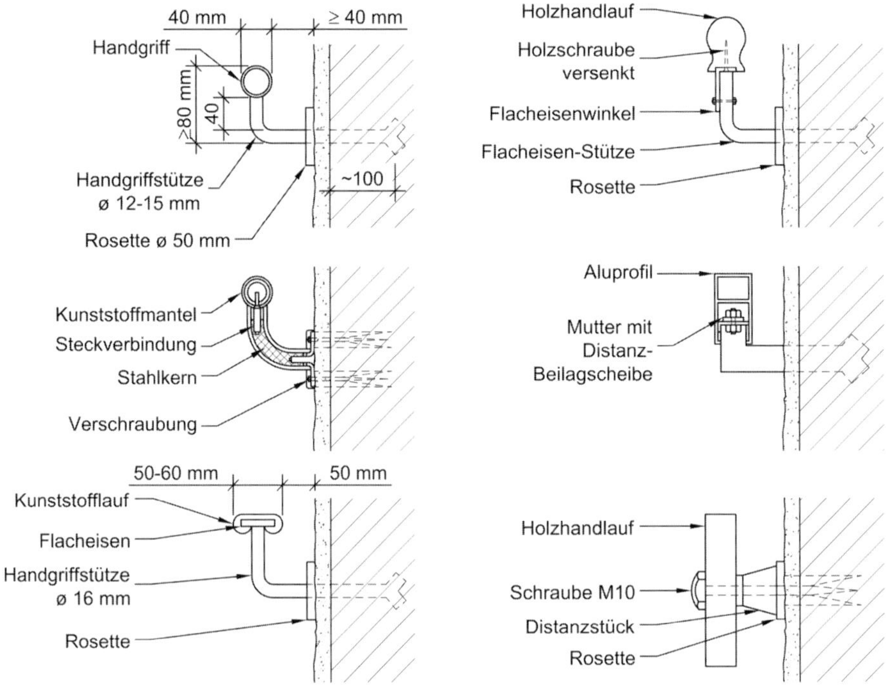

Abbildung 100.4-39: Materialien für Handläufe [3]

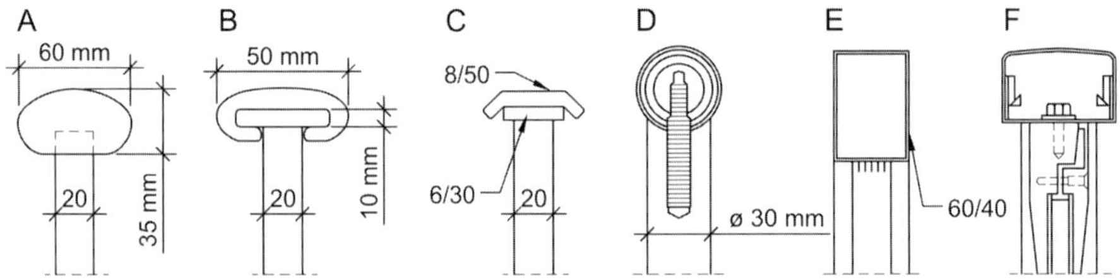

A HOLZ
B FLACHSTAHL MIT MESSINGAUFLAGE
C FLACHSTAHL MIT KUNSTSTOFFAUFLAGE
D STAHLROHRPROFIL
E LEICHTMETALL-SYSTEM
F KUNSTSTOFFROHR

Je nach verwendetem Treppenbaustoff können unterschiedliche Befestigungsmethoden der Geländerstäbe an den Treppenwangen oder Trittstufen zur Ausführung kommen. Bei einem nachträglichen Setzen von Dübeln ist auf die jeweiligen Mindestrandabstände der Dübelsysteme zu achten, da andernfalls eine gesicherte Einleitung der Kräfte aus dem Geländer in die Treppenkonstruktion nicht gewährleistet werden kann. Befestigungen an Treppen in Freien sollten immer so situiert sein, dass sich keine Oberflächenwässer darin sammeln können (verstärkte Korrosion und Frosteinwirkung).

Abbildung 100.4-40: Befestigung von Geländerstäben – Details [3]

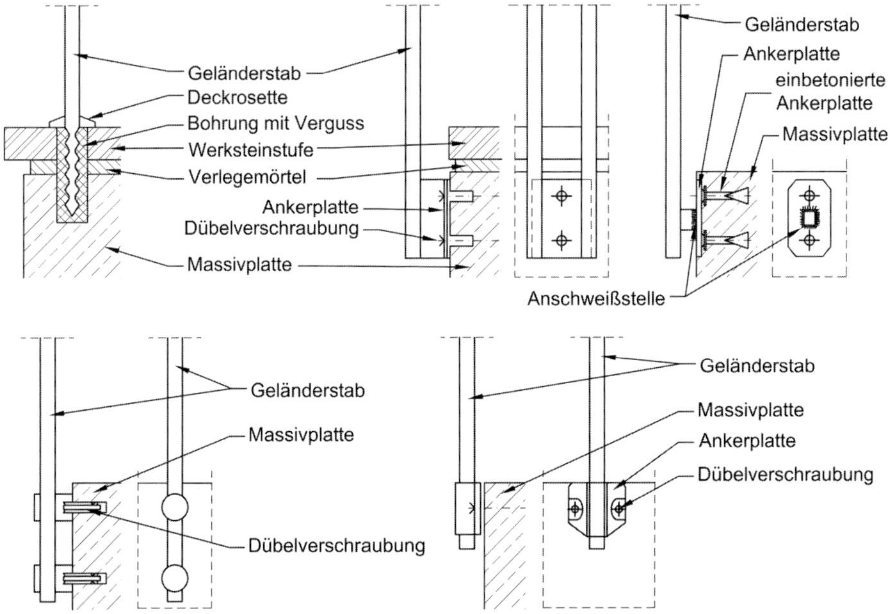

Bild 100.4-01

Bild 100.4-02

Bilder 100.4-01 und 02: Spartreppe (Titelbild)

Bild 100.4-03

Bild 100.4-04

Bilder 100.4-03 und 04: Außentreppen mit Hölzern

Bild 100.4-05

Bild 100.4-06

Bilder 100.4-05 und 06: Außentreppen mit Hölzern

Bild 100.4-07

Bild 100.4-08

Bild 100.4-09

Bilder 100.4-07 bis 09: Außentreppen – Naturstein

Bild 100.4-10

Bild 100.4-11

Bild 100.4-10: Hauseingangstreppe – Plattenstufen auf Fertigteilbalken
Bild 100.4-11: Hauseingangstreppe – Detail

Bild 100.4-12

Bild 100.4-13

Bild 100.4-14

Bild 100.4-15

Bild 100.4-16

Bild 100.4-17

Bilder 100.4-12 bis 17: Außentreppen

Bild 100.4-18

Bild 100.4-19

Bild 100.4-18: Werksteintreppe – Wendelung
Bild 100.4-19: Werksteintreppe – Austrittsdetail

Bild 100.4-20 **Bild 100.4-21**

Bild 100.4-20: Stahlbeton-Fertigteiltreppe mit abgetreppter Untersicht
Bild 100.4-21: Stahlbetontreppe mit Spindelwand

Bild 100.4-22 **Bild 100.4-23**

Bild 100.4-22: Außentreppe
Bild 100.4-23: Außentreppe

Bild 100.4-24 **Bild 100.4-25** **Bild 100.4-26**

Bild 100.4-24: Gerade Wohnhaustreppe mit mehreren Zwischenpodesten
Bild 100.4-25: Einholm-Stahlbetontreppe (Untersicht)
Bild 100.4-26: Winkelstufen bei Einholm-Stahlbetontreppe (Untersicht)

Bild 100.4-27

Bild 100.4-28

Bild 100.4-27: Betonierte Stufen
Bild 100.4-28: Bewehrung der Laufplatte

Bild 100.4-29

Bild 100.4-30

Bild 100.4-29: Schalung der Stufen
Bild 100.4-30: Schalung der Stufen – Grundriss

Bild 100.4-31

Bild 100.4-32

Bild 100.4-33

Bild 100.4-34

Bild 100.4-35

Bild 100.4-36

Bilder 100.2-26 bis 31: Herstellung einer Stahlbetontreppe

Bild 100.4-37

Bild 100.4-38

Bilder 100.4-37 und 38: Fertigteiltreppe – Einbau

Bild 100.4-39

Bild 100.4-40

Bilder 100.4-39 und 40: Fertigteiltreppe – Einbau

Bild 100.4-41

Bild 100.4-42

Bilder 100.4-41 und 42: Fertigteiltreppe – Ansichten

Bild 100.4-43

Bild 100.4-44

Bild 100.4-45

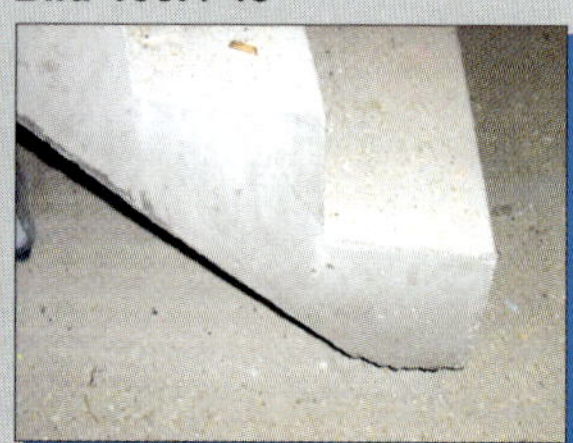

Bilder 100.4-43 bis 45: Fertigteiltreppe – Auflagerdetails

Bild 100.4-46

Bild 100.4-47

Bild 100.4-46 und 47: Auflagerungen von Fertigteiltreppen

Bild 100.4-48

Bild 100.4-49

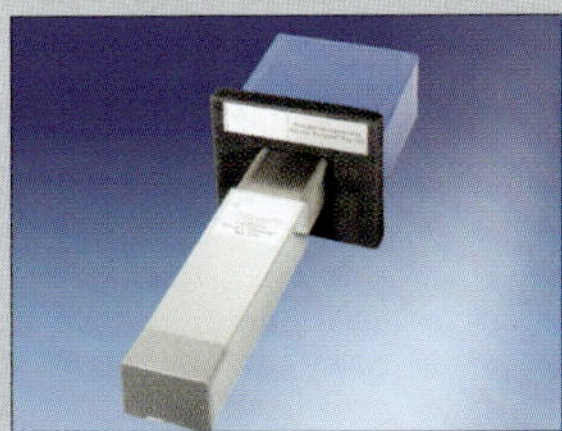

Bild 100.4-50

Bilder 100.4-48 bis 50: Tronsolenformen

Bild 100.4-51

Bild 100.4-52

Bild 100.4-51 und 52: Einbau Tronsolen

Bild 100.4-53

Bild 100.4-54

Bild 100.4-53 und 54: Einbau Tronsolen

Bild 100.4-55

Bild 100.4-56

Bild 100.4-57

Bild 100.4-55: Halbgestemmte, einseitig aufgesattelte Holztreppe
Bild 100.4-56: Halbgestemmte Holztreppe
Bild 100.4-57: Eingestemmte Stufen

Bild 100.4-58

Bild 100.4-59

Bild 100.4-58: Einholmtreppe
Bild 100.4-59: Einholmtreppe – Detail

Bild 100.4-60

Bild 100.4-61

Bild 100.4-60: Wendeltreppe
Bild 100.4-61: Spindeldetail – Wendeltreppe

Bild 100.4-62

Bild 100.4-63

Bild 100.4-62: Viertelgewendelte halbgestemmte Treppe
Bild 100.4-63: Wangenansicht halbgestemmte Treppe

Bild 100.4-64

Bild 100.4-65

Bild 100.4-64: Belagsvariationen für Stufensanierung
Bild 100.4-65: Geländerdetail

Bild 100.4-66

Bild 100.4-67

Bild 100.4-68

Bild 100.4-66: Halbgewendelte, halbgestemmte Holztreppe
Bild 100.4-67: Treppenantritt
Bild 100.4-68: Spindeldetail

Bild 100.4-69

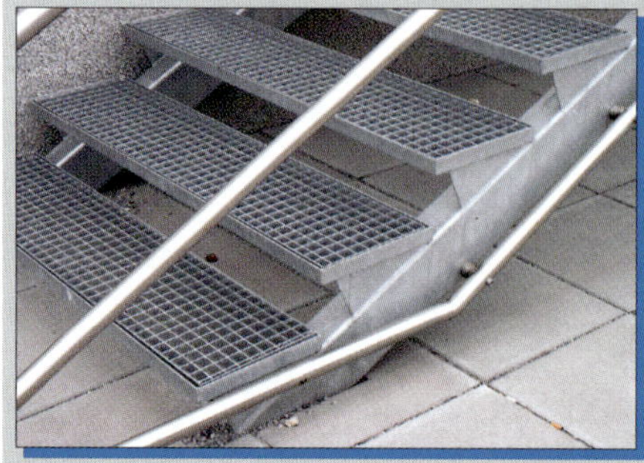

Bild 100.4-70

Bild 100.4-69: Stahltreppe – Tragbalkenkonstruktion
Bild 100.4-70: Stahltreppe – Wangenträger auf Unterkonstruktion

Bild 100.4-71

Bild 100.4-72

Bild 100.4-73

Bild 100.4-71: Stahlwendeltreppe
Bild 100.4-72: Stahlwendeltreppe – Untersicht
Bild 100.4-73: Stahlwendeltreppe – Trittstufen

Bild 100.4-74

Bild 100.4-75

Bild 100.4-74: Wendeltreppe
Bild 100.4-75: Wendeltreppe

Bild 100.4-76

Bild 100.4-77

Bild 100.4-76: Stahlaußentreppe – Wangenkonstruktion
Bild 100.4-77: Stahlaußentreppe – Detail

Bild 100.4-78

Bild 100.4-79

Bild 100.4-80

Bild 100.4-81

Bild 100.4-82

Bild 100.4-83

Bilder 100.4-78 bis 83: Details

Bild 100.4-84

Bild 100.4-85

Bild 100.4-84: Stahltreppe
Bild 100.4-85: Stahltreppe – Podestdetail

Bild 100.4-86

Bild 100.4-87

Bild 100.4-86: Stahlgeländer – Außentreppe
Bild 100.4-87: Stahlhandlauf – U-Bahn

Bild 100.4-88

Bild 100.4-89

Bild 100.4-88: Stahlgeländer mit Holzhandlauf
Bild 100.4-89: Geländer mit Glaspaneele und Stahlhandlauf

Bild 100.4-90

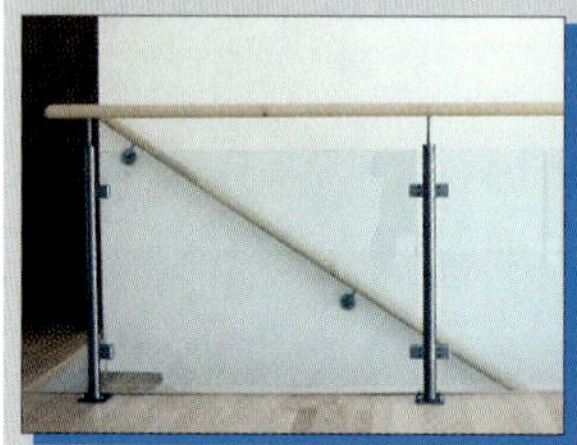

Bild 100.4-91

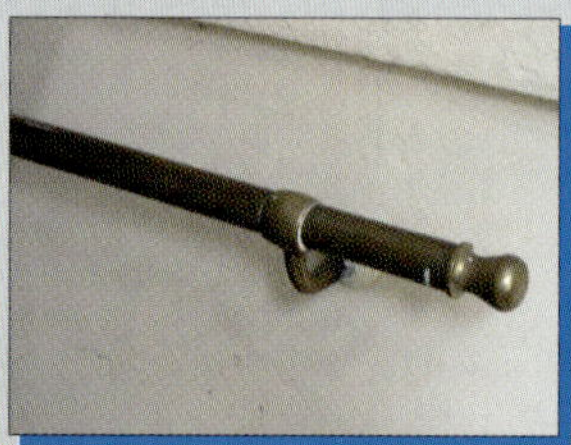

Bild 100.4-92

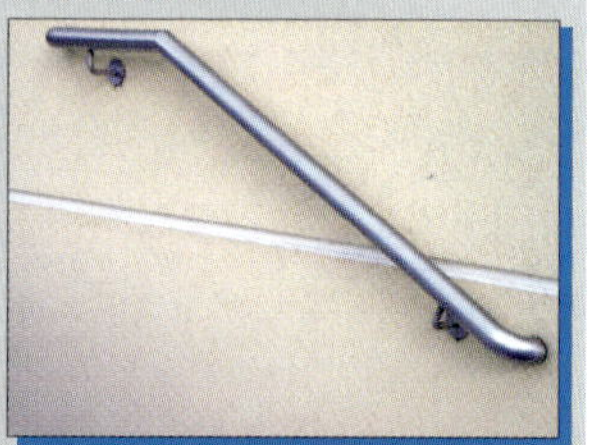

Bild 100.4-93

Bild 100.4-94

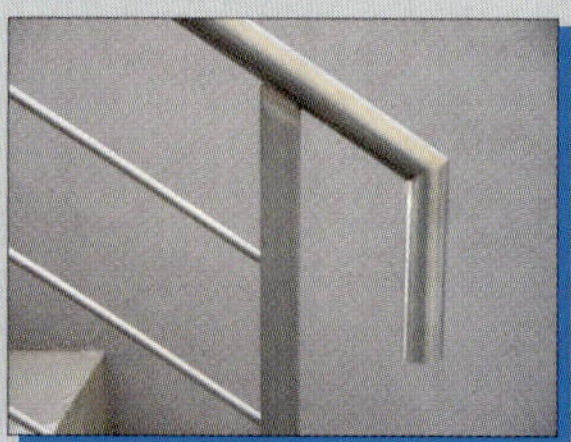

Bild 100.4-95

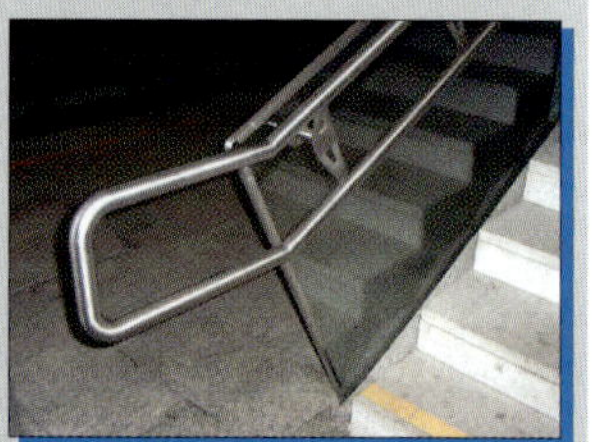

Bilder 100.4-90 bis 95: Handlaufformen

Bild 100.4-96

Bild 100.4-97

Bild 100.4-98

Bild 100.4-96: Leiter mit Rückenschutz
Bild 100.4-97: Einschubtreppe
Bild 100.4-98: Baustellentreppe

Bild 100.4-99

Bild 100.4-100

Bild 100.4-99: Leiter mit Rückenschutz – Detail
Bild 100.4-100: Einschubtreppe

Bild 100.4-101

Bild 100.4-102

Bild 100.4-101: Dachzugangsleiter
Bild 100.4-102: Klettersteig

100.5 AUFZÜGE

Aufzüge dienen der vertikalen Erschließung verschiedener Ebenen eines Gebäudes und der Überwindung großer Höhenunterschiede. Ohne sie wäre der Betrieb eines Hochhauses oder verschiedener technischer Einrichtungen wie Fernsehtürme überhaupt nicht möglich. Aufzüge bilden somit die Voraussetzung, dass solche Bauwerke überhaupt entstehen können. Neben dem Gesichtspunkt, große Höhenunterschiede in kurzer Zeit überwinden zu können, sind Aufzüge für den Transport von Lasten und Personen im Zusammenhang mit der heutigen Anforderung des barrierefreien Zugangs unverzichtbar (Bilder 100.5-01 bis 07).

Entsprechend ihrer Bestimmung müssen Aufzüge konsequent in die Quellpunkte der Erschließungslogistik einbezogen werden. Bei turmartigen Gebäuden haben Aufzüge selbstverständlich eine konzeptionelle Priorität. Hier werden die von den Aufzügen belegten Flächen möglichst minimiert und die in den Ebenen daran anschließenden Flächen maximiert. Dabei geraten Treppen in den Hintergrund und sind meist nur noch in Fluchttreppenhäusern zu finden.

In öffentlich zugänglichen Bereichen werden Aufzüge zunehmend transparent ausgeführt, nicht nur aus gestalterischen Gründen, sondern weil dies den Fahrgästen eine höhere passive Sicherheit bietet als abgeschlossene, nicht einsehbare Kabinen. In Abhängigkeit vom Anwendungsbereich haben Aufzüge unterschiedliche Zweckbestimmungen und damit auch Ausführungsarten (Bilder 100.5-06 bis 14). Größere Aufzugsfirmen beherrschen im Allgemeinen das gesamte Produktspektrum, während sich kleinere Firmen auf bestimmte Anwendungen und Ausführungsarten beschränken.

Wenn Aufzüge auch für Behinderte nutzbar sein sollen, wie es die Ratserklärung zur EG-Aufzugs-Richtlinie 95/16/EG fordert, müssen sie in ihren Abmessungen, ihrer Bedienbarkeit und der Zugänglichkeit hierfür geeignet sein. Richtige Anordnung und Ausgestaltung der Ruftaster und Befehlsgeber sowie der Anzeigeelemente sind wichtig. Solche Aufzüge werden als behindertengerecht bezeichnet. Die Zielvorstellung ist, dass in diesem Sinn alle Aufzüge behindertengerecht sein sollten. Der Begriff Behindertenaufzug bezieht sich demgegenüber nur auf schräg und senkrecht fördernde spezielle Einrichtungen, z.B. so genannte Treppenlifte, vorwiegend für in der Mobilität stark eingeschränkte Personen. Ihnen ist gemeinsam, dass sie nur eine sehr geringe Fahrgeschwindigkeit aufweisen und allein auf den behinderten Benutzer abgestimmt und als Hilfsmittel zu verstehen sind. Hinsichtlich einer barrierefreien Nutzung von Aufzügen und Aufstiegshilfen siehe Kapitel 100.3.4.

Zu Beginn der Planung ist im Hinblick auf den barrierefreien Zugang zu einem Gebäude darauf zu achten, dass „Behinderte" nicht auf Seiteneingänge abgeschoben werden. Im Idealfall müssen die normalen Aufzüge so angeordnet und gestaltet sein, dass sie eine generelle Nutzung ermöglichen. Als „behindert" sind jedoch nicht nur Rollstuhlfahrer zu verstehen, sondern auch Personen mit Mobilitätsbeschränkung und in Bezug auf die Bedienungs- und Anzeigeeinrichtungen auch Personen mit eingeschränktem Hör- und Sehvermögen, hinzu kommen Personen mit Kinderwagen oder Traglasten. Eine vernünftige konzeptionelle Einbindung von behindertengerechten Aufzügen ist auch bei sonstigen Bauten wie Verkehrsanlagen (Bahn, U-Bahn) wesentlich. Sie müssen in der Nähe der übrigen Treppenanlagen untergebracht werden und sollten aus dem Gesichtspunkt der passiven Sicherheit transparent sein.

Im öffentlichen Bereich sollten auf jeden Fall größere Aufzüge vorgesehen werden, als es die Normen DIN 18024/25 vorsehen, und im Hinblick auf die Verfügbarkeit möglichst in Dreiergruppen eingebaut werden.
Sowohl die Errichtung als auch der Betrieb von Aufzugsanlagen wird in Österreich durch Landesgesetze geregelt. Darüber hinaus bestehen Technische Richtlinien und Normen, deren Einhaltung fallweise in Gesetzen, Verordnungen oder Bescheiden vorgeschrieben wird. In diesem Sinne sind beispielsweise folgende Vorschriften einzuhalten:

Wien:
- Wiener Aufzugsgesetz: „Gesetz betreffend den Bau und den Betrieb von Aufzügen in Wien" idF. LGBl. Nr. 1953/12, LGBl. 1968/31, LGBl. 2001/38, LGBl. 2001/91 [40]
- Bauordnung für Wien LGBl. Nr. 10/2003t [24]

Niederösterreich:
- Niederösterreichische Aufzugsordnung 1995, LGBl. Nr. 8220-1 (1. Novelle 28/98 1998-02-13 [33]

Burgenland:
- Arbeitsstättenverordnung in der Land- und Forstwirtschaft – Bgld. AStV in der Land- und Forstwirtschaft LGBl. Nr. 107/2002 [20]

Steiermark:
- Steiermärkisches Aufzugsgesetz über den Einbau, den Betrieb und die Instandhaltung von Aufzügen LGBl. Nr. 1971/41, LGBl. Nr. 2002/108 [37]

Kärnten:
- Kärntner Aufzugsgesetz LGBl. Nr. 43/2000 [31]

Oberösterreich:
- Aufzugsgesetz LGBl. Nr. 1998/69 idF. LGBl. Nr. 2001/90 [35]

Salzburg:
- Arbeitsstättenverordnung LGBl. Nr. 126/2003 (20031230) [21]
- Bautechnikgesetz LGBl. Nr. 9/2001 (vom 8. November 2000) [25]

Tirol:
- Das Tiroler Aufzugsgesetz 1998. Gesetzesgrundlage: LGBl.Nr.1998/478 idF. LGBl. Nr. 2002/89 [29]

Vorarlberg:
- Heimbauverordnung LGBl. Nr. 29/2003 (20030612) [30]
- Bautechnikverordnung, Änderung LGBl. Nr. 64/2001 (20011227) [27]

Normen:
- ÖNORM B 1600: 2003 „Barrierefreies Bauen – Planungsgrundlagen" [46]
- ÖNORM B 1601: 2003 „Spezielle Baulichkeiten für behinderte oder alte Menschen – Planungsgrundsätze" [47]
- ÖNORM B 2450: 2001 „Aufzüge, Fahrtreppen und Fahrsteige – Allgemeine Bestimmungen" [50]
- ÖNORM B 2455: 1991 „Bauvorschriften für den Einbau von Aufzügen in Hochhäusern und für Feuerwehraufzüge" [51]
- ÖNORM B 2455 Bbl 1: 1993 „Bauvorschriften für Aufzüge in Hochhäusern und für Feuerwehraufzüge" [51]
- ÖNORM EN 81-1/AC1: 2000 „Sicherheitsregeln für die Konstruktion und den Einbau von Aufzügen – Teil 1: Elektrisch betriebene Personen- und Lastenaufzüge (Berichtigung)" [69]
- ÖNORM EN 81-2/AC1: 2000 „Sicherheitsregeln für die Konstruktion und den Einbau von Aufzügen – Teil 2: Hydraulisch betriebene Personen- und Lastenaufzüge" [70]
- ÖNORM EN 81-3: 2001 „Sicherheitsregeln für die Konstruktion und den Einbau von Aufzügen – Teil 3: Elektrisch und hydraulisch betriebene Kleingüteraufzüge" [71]

Beispiel 100.5-01: Gesetzliche Bestimmungen: § 108 der Bauordnung für Wien [24]

(1) *In Gebäuden mit mehr als drei Hauptgeschoßen müssen alle Geschoße, auch Kellergeschoße und Geschoße, die Garagen enthalten, sowie Dachgeschoße, wenn in ihnen der einzige Zugang zu Wohnungen vorgesehen ist, miteinander durch Personenaufzüge verbunden sein; diese müssen ständig benützbar und über die notwendigen Verbindungswege auch für Rollstuhlfahrer erreichbar sein. Jeder notwendigen Stiege muss mindestens ein eigener Personenaufzug zugeordnet sein. Die Aufzugsstationen müssen in der Ebene des jeweiligen Geschoßes angeordnet sein. Stationen von Personenaufzügen, die zu Garagen oder brandgefährdeten Räumen führen, müssen direkt mit einem notwendigen Verbindungsweg verbunden sein, der, ohne durch diese Räume zu führen, eine Fluchtmöglichkeit ins Freie bietet.*

(2) *Umlaufaufzüge sind in Wohngebäuden unzulässig.*

(3) *Aufzugsschächte, die mehrere Brandabschnitte verbinden, sind einschließlich der Triebwerksräume feuerbeständig und in allen für die Tragfähigkeit und den Brandschutz wesentlichen Bestandteilen aus nicht brennbaren Baustoffen auszuführen und mit Schachttüren abzuschließen, die geeignet sind, die Übertragung von Feuer und Rauch zu verhindern. In allen übrigen Fällen genügt eine Schachtausführung aus nicht brennbaren Materialien. Geschlossene Aufzugsschächte sind an ihrem oberen Ende mit einer Lüftungsöffnung zu versehen. Aufzugsschächte und Triebwerksräume sind von aufzugsfremden Leitungen und Einrichtungen freizuhalten.*

(4) *Triebwerksräume müssen Wände, Böden und Decken aus nicht brennbaren Baustoffen aufweisen und direkt aus dem Freien belüftet sein. Sie müssen vom Inneren der Baulichkeit über Stiegen oder befestigte Leitern sicher erreichbar sein.*

(5) *Bei hydraulischen Aufzügen ist der Boden der Aufzugsschächte und der Triebwerksräume flüssigkeitsdicht und wannenartig auszuführen. Jede Wanne muss die gesamte Hydraulikflüssigkeit aufnehmen können.*

(6) *Schachttüren und Fahrkorbtüren sind als maschinell betätigte Schiebetüren auszubilden und müssen eine lichte Breite von mindestens 85 cm haben. Fahrkörbe von Aufzügen, die gemäß Abs. 1 zu errichten sind, dürfen eine lichte Breite von 1,10 m und eine lichte Tiefe von 1,40 m nicht unterschreiten. Im Fahrkorb ist in der Nähe der Bedienungselemente ein Handlauf in einer Höhe von 90 cm über den Boden anzubringen; der Handlauf darf jedes der lichten Maße des Fahrkorbes insgesamt um nicht mehr als 10 cm einengen. Bedienungselemente für Aufzüge dürfen nicht höher als 1,30 m über dem Boden angebracht werden. Der Bodenfläche vor Aufzugsschachttüren muss ein Kreis mit einem Radius von mindestens 70 cm eingeschrieben werden können.*

100.5.1 AUFZUGSTECHNIK

Vertikalen Transportvorrichtungen wurden im Verlauf der Geschichte auf vielfältige Weisen verwirklicht und mit der Kraft von Menschen, Tieren oder Wasser bewegt. Ab dem 18. Jahrhundert wurden für den Antrieb Maschinen eingesetzt. Ein erhebliches Sicherheitsrisiko war mit dem Einsatz von Hanfseilen verbunden, die als Hubseil auf Antriebstrommeln aufgewunden wurden. Bei einem Riss des Hubseiles war der Absturz der Fahrkabine unvermeidlich. Im Jahr 1853 überwand der Mechanikermeister Elisha Otis dieses Sicherheitsrisiko mit seiner Erfindung einer Sicherheitsvorrichtung, die bei einem Seilriss eine selbsttätige zuverlässige Verkeilung der Fahrkabine an den Führungsschienen herbeiführte. Diese Sicherheitsvorrichtung bildete eine wesentliche Voraussetzung für die darauf einsetzende stürmische Entwicklung von „*Sicherheitsaufzügen*“ zur Personenbeförderung.

Im Jahr 1857 wurde der erste Sicherheitsaufzug für Personen in einem Geschäftshaus in New York in Betrieb genommen. Zwei Jahrzehnte später waren bereits mehr als 2000 Sicherheitsaufzüge in Betrieb. Der Aufzugbau wurde auch durch die Einführung des elektrischen Antriebes durch Werner von Siemens (1816–1892) stimuliert, der etwa um das Jahr 1880 einsetzte. 1889 wurde der erste Aufzug mit elektrischem Antrieb in New York in Betrieb genommen. In diesem Zeitraum kamen auch leistungsfähige Stahldrahtseile auf den Markt, die dem Aufzugbau weitere Möglichkeiten eröffneten.

Weil Räume in den oberen Etagen von Gebäuden mit Aufzügen komfortabel und sicher erreichbar waren, wurden sie zunehmend nachgefragt. Damit ergab sich eine Trendwende im Mietwesen, welche den Bau von Hochhäusern forcierte. Im Jahr 1890 entstand in Europa der erste elektrisch betriebene Aufzug auf den Mönchsberg in Salzburg mit einer Förderhöhe von 56 m. Ein Jahrhundert danach scheint die Aufzugstechnik noch keineswegs zu einem Abschluss gekommen zu sein. Sowohl bei den Antrieben als auch bei Steuerungen und Sicherheitseinrichtungen bewirken Verbesserungen eine kontinuierliche technische Entwicklung.

100.5.1.1 ANTRIEB

Für die technische Lösungsmöglichkeit zur Überwindung der Höhe stehen unterschiedliche Verfahren zur Verfügung. Die Wahl des Antriebes von Aufzugsanlagen hat maßgebenden Einfluss auf die Gestaltung des Baukörpers. Folgende Antriebsbauarten werden derzeit angeboten:

- Treibscheibenantrieb (bei Seil- oder Gurtaufzügen)
- Hydraulikantrieb
- indirekt hydraulischer Antrieb (seilhydraulisch)
- Kletterantrieb.

Abbildung 100.5-01: Antriebsarten für Aufzüge

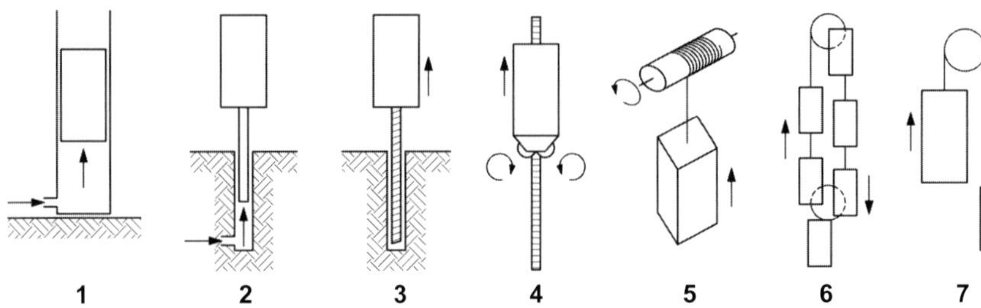

1 ...	**PNEUMATIK-AUFZUG**	2 ...	**HYDRAULIK-AUFZUG**
3 ...	**SPINDEL-AUFZUG**	4 ...	**KLETTER-AUFZUG**
5 ...	**TROMMEL-AUFZUG**	6 ...	**UMLAUF-AUFZUG**
7 ...	**TREIBSCHEIBEN-AUFZUG**		

Bei Treibscheibenantrieben hängt die Fahrkabine an Tragseilen oder Traggurten, die über die Treibscheibe einer Winde geführt werden und an deren anderem Ende ein Gegengewicht befestigt ist. Beim klassischen hydraulischen Antrieb ist ein Druckkolben mittig unter der Fahrkabine angeordnet. Der Zylinder dieses Druckkolbens befindet sich in einer „*Brunnenbohrung*" unterhalb der Schachtgrube. Diese Bauart eignet sich für Förderhöhen bis 20 m und für ein Gesamtgewicht bis 30 t. Werden die beiden Antriebssysteme – „*Seilantrieb*" und „*Hydraulikantrieb*" – miteinander kombiniert, dann spricht man von „*indirekt hydraulischen Antrieben*". Bei „*Kletterantrieben*" ist das Antriebsaggregat mit der Kabine verbunden. Seilaufzüge sind so aufgebaut, dass Kabinengewicht und die halbe Nennlast durch ein Gegengewicht ausgeglichen sind. Je nach Belastung der Kabine treten unterschiedliche Beanspruchungen des Antriebsmotors auf, wobei sowohl Generator- als auch Motorbetrieb möglich ist. Als Kenngröße für die Bemessung des Antriebsmotors gilt das Volllasthubmoment, das bei Fahrten mit voll belasteter Kabine in Aufwärtsrichtung auftritt.

100.5.1.2 FÖRDERLEISTUNG

Nach den Bestimmungen der ÖNORM B 2455 [51] sind Aufzuganlagen so zu bemessen, dass für eine festzulegende Personenbelegung des Gebäudes sowohl die errechnete *„5-Minuten-Förderkapazität c_{5err}"* über der genormten erforderlichen *„5-Minuten-Förderkapazität c_{5erf}"* liegt, wie auch das errechnete *„Intervall I_{err}"* (Wartezeit) unter dem genormten maximal zulässigen *„Intervall I_{erf}"* liegt.

Förderkapazität c

Unter *„Förderkapazität"* einer Aufzuganlage wird jener Anteil der Personenbelegung eines Gebäudes verstanden, der innerhalb eines bestimmten Zeitraumes befördert werden kann. Nach den Bestimmungen der ÖNORM B 2455 [51] sollen für Aufzuganlagen festgelegte Mindestwerte einer *„erforderlichen 5-Minuten-Förderkapazität c_{5erf}"* nicht unterschritten werden.

erforderlich $$c_{5erf} = \frac{B}{100} \cdot K_5$$

errechnet $$c_{5err} = \frac{300 \cdot P}{T_R} \cdot n \qquad (100.5\text{-}01)$$

$c_{5erf,\,5err}$	5-min-Förderkapazität	[Personen]
B	Belegung des Gebäudes	[Personen]
K_5	erforderliche 5-min-Förderkapazität von B	[%]
n	Anzahl der Aufzüge	[–]
T_R	Rundreisezeit je Aufzug	[s]
P	reduzierte Nennlast	[Personen]

Wartezeit, Intervall I

Unter *„Wartezeit"* oder *„Intervall"* wird der Zeitraum zwischen Kabinenruf und Kabinenankunft in einer Station verstanden. Nach den Bestimmungen der ÖNORM B 2455 [51] sollen für Aufzuganlagen festgelegte Maximalwerte *„zulässiger Wartezeiten (Intervalle) I_{zul}"* nicht überschritten werden. Für die Errechnung der Wartezeit werden in dieser Norm Gleichungen angeführt.

Einzelaufzug $$I_{err} = T_R$$

gleiche Aufzuggruppen $$I_{err} = \frac{T_R}{n}$$

verschiedene Aufzuggruppen $$I_{err} = \frac{1}{\sum \frac{1}{T_R}} \qquad (100.5\text{-}02)$$

I_{err}	errechnete Wartezeit	[s]
n	Anzahl der Aufzüge	[–]

Rundreisezeit je Aufzug T_R

Unter der „*Rundreisezeit*" wird jener Zeitraum verstanden, den eine Aufzugkabine bei Normalbetrieb zwischen Verlassen und Ankunft in der gleichen Station benötigt. Für die Errechnung der „Rundreisezeit T_R" werden in ÖNORM B 2455 [51] Gleichungen und Richtwerte angeführt.

$$\textbf{Für } v \leq v_G = \sqrt{a \cdot \frac{H}{S_p}}$$

$$\rightarrow \quad T_R = \frac{2 \cdot H}{v} + \left(\frac{v}{a} + t_t\right) \cdot (S_P + 1) + t_p \cdot P$$

$$\textbf{Für } v > v_G = \sqrt{a \frac{H}{S_p}} \qquad (100.5\text{-}03)$$

$$\rightarrow \quad T_R = \frac{2 \cdot H}{\sqrt{a \cdot \frac{H}{S_P}}} + \frac{H}{v} + \frac{v}{a} + t_t \cdot (S_P + 1) + t_P \cdot P$$

v	Nenngeschwindigkeit	[m/s]
v_G	Grenzwert für die Nenngeschwindigkeit	[m/s]
a	Beschleunigungs- und Verzögerungswert d. Fahrkorbs	[m/s²]
H	Förderhöhe über Haupthaltestelle	[m]
S_P	wahrscheinliche Halte über d. Haupthaltestelle	[–]
T_R	Rundreisezeit je Aufzug	[s]
t_t	Türverlustzeit	[s]
t_P	Ein- und Ausstiegszeit je Person	[s]
P	reduzierte Nennlast	[Personen]

Tabelle 100.5-01: Richtwerte für die Bemessung von Aufzugsanlagen

Gebäude *Art*	**Ermittlung der Belegung eines Gebäudes** *Kriterium*	**Personen** *Anzahl*	c_{5erf} **erf. 5-min-Förderkapazität** *[%]*	**max. zul. Wartezeit** I_{zul} *[s]*
Wohnhaus	je Wohnung für den ersten Wohnraum für jeden Wohnraum Nebenräume und Küche werden nicht als Wohnraum gezählt	2 1	7,5 bis 10	80 bis 120
Hotel	je Bett	1	12 bis 15	30 bis 50
Büro- und Verwaltungs-gebäude	je 10 m² Arbeitsfläche	1	15 bis 20	30 bis 50
Schulgebäude	je 10 m² Klassenzimmerfläche	6		
Krankenhaus	je Bett	1,5	25 bis 30	30 bis 40

Beispiel 100.5-02: Aufzugsanlage für 11-stöckiges Bürogebäude

Angabe: Für ein 11-stöckiges Bürogebäude mit 1000 m² Büronutzfläche ist eine Aufzuggruppe mit gleichartigen Aufzugkabinen nach den Bestimmungen der ÖNORM B 2455 zu bemessen.

Eingabewerte für die Bemessung von Aufzuganlagen

Bezeichnung			Eingabewerte Var. 1	Var. 2	Anmerkungen
Anz. der Aufzüge	n	*[Anz.]*	2	3	Annahme oder Vorgabe
Nennlast	Q	*[kg]*	630	400	gemäß Tab. 100.5-03
Nenngeschwindigkeit	v	*[m/s]*	1,0	1,0	gemäß Tab. 100.5-03
Förderhöhe über Haupthaltestelle	H	*[m]*	30,0	30,0	Annahme oder Vorgabe
Zahl der Haltestellen über Haupthaltestelle	S	*[Anz.]*	9,0	9,0	Annahme oder Vorgabe
Türbreite	m	*[m]*	0,8	0,8	Annahme oder Vorgabe
Belegung d. Gebäudes	B	*[Pers.]*	100	100	gemäß Tab. 100.5-01
Erforderliche 5-min-Förderkapazität von B	K_s	*[%]*	20	20	gemäß Tab. 100.5-01
Beschleunigungs- und Verzögerungswert der Fahrkabine	a	*[m/s²]*	0,6	0,6	a=0,6 bis 0,8
Türöffnungszeit	t_o	*[s]*	2	2	Annahme oder Vorgabe
Türschließzeit	t_z	*[s]*	2	2	Annahme oder Vorgabe
Verluste durch Türoffenhaltezeit und Lichtschranke	t_v	*[s]*	4	4	Annahme oder Vorgabe
Ein- und Ausstiegszeit je Person	t_p	*[s]*	2	2	t_p=1,0 bis 3,5

Rechenwerte für die Bemessung von Aufzuganlagen

Bezeichnung			Eingabewerte Var. 1	Var. 2	Anmerkungen
Reduzierte Nennlast	P	*[Pers.]*	6,72	4,27	$P = \frac{Q \cdot 0{,}8}{75}$
Wahrscheinliche Halte über Haupthaltestelle	S_p	*[Anz.]*	4,20	3,56	$S_P = S - S \cdot \left[\frac{(S-1)}{S}\right]^P$
Türverlustzeit	t_t	*[s]*	8,00	8,00	$t_t = t_o + t_z + t_v$
Grenzwert für Nenngeschwindigkeit	v_G	*[m/s]*	1,91	2,25	$v_G = \sqrt{\frac{a \cdot H}{S_P}}$
Rundreisezeit für Aufzug bei $v \le v_G$	T_R	*[s]* 1	10,53	87,81	$T_R = \frac{2 \cdot H}{v} + \left(\frac{v}{a} + t_t\right) \cdot (S_P + 1) + t_p \cdot P$
Rundreisezeit für Aufzug bei $v > v_G$	T_R	*[s]*	123,84	103,36	
Erforderliche 5-min-Förderkapazität	c_{5erf}	*[Pers.]*	15	15	$c_{5erf} = \frac{B}{100} \cdot K_5$
Errechnete 5-min-Förderkapazität	c_{5err}	*[Pers.]*	36	44	$c_{5err} = \frac{300 \cdot P}{T_R} \cdot n$
Maximal zulässige Wartezeit	I_{zul}	*[s]*	40	40	gemäß Tab. 100.5-01
Errechnete Wartezeit	I_{err}	*[s]*	55	29	$I_{err} = \frac{T_R}{n}$

Ergebnisinterpretation:

- Die errechnete 5-Minuten-Förderkapazität „c_{5err}" liegt bei beiden untersuchten Varianten erheblich über der erforderlichen 5-Minuten-Förderkapazität „c_{5erf}". Hinsichtlich der Förderkapazität entsprechen demnach beide Varianten den Bestimmungen der ÖNORM B 2455 [51].
- Die errechnete Wartezeit „I_{err}" liegt nur bei „Variante 02" unter der maximal zulässigen Wartezeit „I_{zul}". Hinsichtlich der Wartezeit entspricht demnach nur „Variante 02" den Bestimmungen der ÖNORM B 2455 [51].

Mit dem Zahlenwert für die Förderkapazität kann noch nicht ausgesagt werden, wie viele, wie große und wie schnelle Aufzugsanlagen notwendig sind. Bei der Auslegung von Aufzugsanlagen ergeben sich dann folgende Möglichkeiten:

- Auswahl weniger großer Aufzüge:
  - Vorteil: geringe Investitions- und Betriebskosten, wenig umbauter Raum.
  - Nachteil: lange Fahr- und Wartezeiten, geringe Verfügbarkeit bei Wartungs- und Instandsetzungsarbeiten, ungünstig für internen Verkehr außerhalb der Spitzenzeiten.
- Auswahl mehrerer kleiner Aufzüge:
  - Vorteil: kurze Warte- und Fahrzeiten, hohe Verfügbarkeit bei Wartungs- und Instandsetzungsarbeiten, günstig für internen Verkehr.
  - Nachteil: höhere Investitions- und Betriebskosten, mehr umbauter Raum.

100.5.1.3 ANTRIEBSLEISTUNG

Der elektrische Anschluss von Einzelaufzügen erfolgt häufig direkt von der Hauptverteilung des Gebäudes. Bei größeren Anlagen können eigene Aufzughauptverteilungen und Transformatoren erforderlich werden. Am Eingang zum Triebwerksraum ist ein Lastschalter anzubringen, durch den die Anlage allpolig abgeschaltet werden kann. Für den elektrischen Anschlusswert von Aufzuganlagen ist der kurzzeitig erforderliche Einschaltstrom der eingesetzten Drehstrommotore maßgebend.

Tabelle 100.5-02: Richtwerte – Einschaltstrom Aufzugsanlagen

Personen *[Anzahl]* **Nennlast** *[kg]*	**4** **400**	**6** **630**	**10** **1000**	**13** **1250**
Geschwindigkeit *[m/s]*	**kurzzeitiger Leistungsbedarf** *[kVA]*			
0,63	18	25	43	54
1,00	22	42	67	85
1,60	35	65	85	105
2,50	50	85	105	130

Ein Großteil der elektrisch zugeführten Antriebsleistung und der betriebsbedingten Bremsleistung fällt im Triebwerksraum als Wärmeleistung an und erwärmt dort die Raumluft. Um die Funktion der dort in Schaltschränken angeordneten Steuer- und Regelanlagen sicherzustellen, soll die Raumlufttemperatur im Triebwerksraum einen oberen Grenzwert von +40°C nicht überschreiten. Wenn diese Forderung mit natürlicher Raumlüftung nicht erfüllbar ist, wird mechanische Raumluftkühlung erforderlich, die mit Raumthermostaten bedarfsabhängig schaltbar ist. Für die Bemessung der Raumluftkühlung ist die thermische Dauerbelastung maßgebend.

Tabelle 100.5-03: Richtwerte – thermische Dauerbelastung Aufzugsanlagen

Personen *[Anzahl]* **Nennlast** *[kg]*	**4** **400**	**6** **630**	**10** **1000**	**13** **1250**
Geschwindigkeit *[m/s]*	**thermische Dauerleistung** *[kVA]*			
0,63	5	7	12	15
1,00	7	12	19	30
1,60	10	20	30	40
2,50	18	35	45	55

100.5.1.4 FAHRKABINE

Die Kabinentragkonstruktion wird üblicherweise in kugelgelagerten Rollenführungen auf vertikalen Schienen im Förderschacht geführt. Bei Seilaufzügen wird die Aufhängung im oberen Bereich der Kabinentragkonstruktion federnd ausgeführt.

Abbildung 100.5-02: Fahrkabine – Konstruktion und Aufhängung

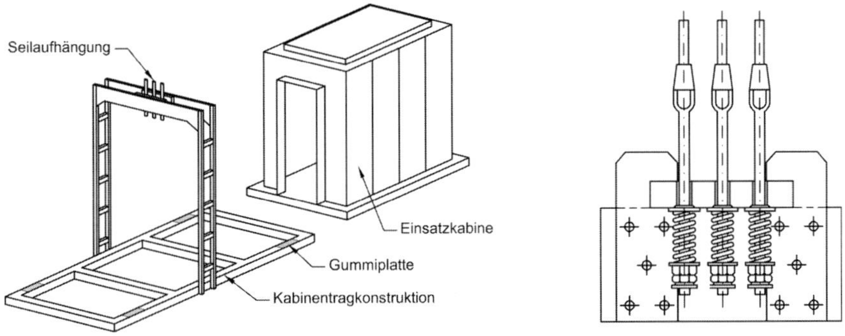

Die Fahrkabine besteht aus einer massiven Bodenplatte, die Seitenverkleidungen werden aus beschichteten Blechelementen oder Verbundplatten zusammengesetzt. Es besteht auch die Möglichkeit, diese aus Sicherheitsglasflächen zu gestalten. Die Kabinendecke muss Schutz gegen herabfallende Gegenstände bieten und so stabil ausgeführt sein, dass sie für Wartungs- und Inspektionsarbeiten begehbar ist. In der Kabinendecke wird meistens die Kabinenbeleuchtung untergebracht. Fahrkabinen mit Kabinentüren müssen Zuluft- und Abluftöffnungen aufweisen. Als Bemessungsrichtwert sollen deren Luftdurchtrittsflächen mindestens 1% der Kabinengrundfläche entsprechen.

100.5.1.5 TÜREN FAHRSCHACHT UND FAHRKABINE

Sowohl der Fahrschacht als auch die Fahrkabine sind durch eine eigene Türkonstruktion abzuschließen. Bei älteren Bestandsanlagen findet man noch Aufzüge, die nur den Fahrschacht mit einer Türe (meist Drehtüre) abgeschlossen haben. Diese Systeme sind aber aus sicherheitstechnischen Gründen in den nächsten Jahren mit Kabinentüren nachzurüsten, was in vielen Fällen zu einem Einbau eines neuen Aufzugssystems führen wird.

Abbildung 100.5-03: Fahrschachttüren

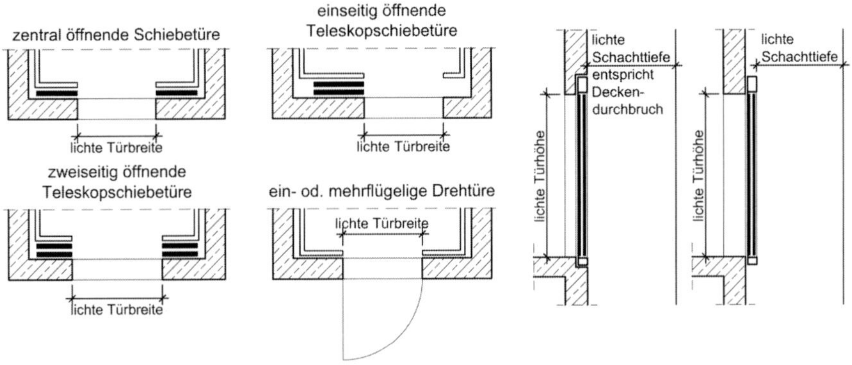

Für die Abmessungen von Fahrkabine und Türen sind neben konstruktiven Einzelheiten der Aufzughersteller vor allem Tragkraft, Fahrgeschwindigkeit, Art der Fahrkabinentür und Anordnung des Gegengewichtes von wesentlicher Bedeutung. Die nachfolgend angeführten Richtwerte für den Entwurf liegen weitgehend in plausiblen Bereichen und sind nur für jene Anwendungsfälle gedacht, bei welchen vom jeweiligen Aufzughersteller noch keine Daten vorliegen.

Abbildung 100.5-04: Teleskoptür – zentral öffnende Tür [78]

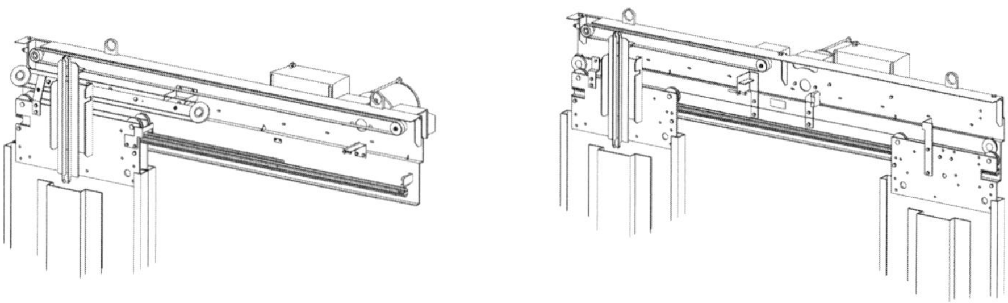

TELESKOPTÜR **ZENTRAL ÖFFNENDE TÜR**

Tabelle 100.5-04: Richtwerte für Kabinenabmessungen

Personenaufzüge mit einseitig öffnender Teleskop-Schiebetür						
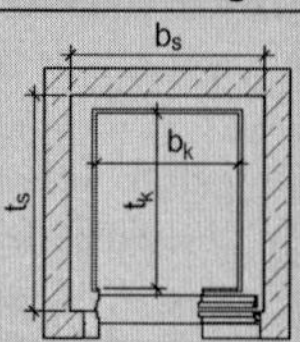	**Personen**	*[Anzahl]*	5		8	
	Nennlast	*[kg]*	400		630	
	Kabinenbreite	*[mm]*	$b_k = b_s - 440$ $b_k > (1{,}5 \cdot \text{Türbreite} - 150)$			
	Kabinentiefe	*[mm]*	$t_k = t_s - 785$			
Personenaufzüge mit zweiteiliger zentral öffnender Teleskop-Schiebetür						
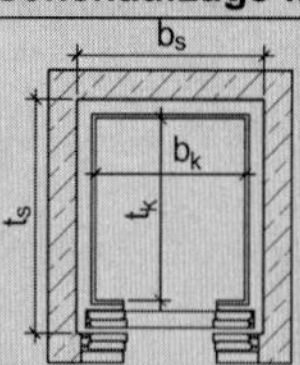	**Personen**	*[Anzahl]*	5	8	13	16
	Nennlast	*[kg]*	400	630	1000	1250
	Kabinenbreite	*[mm]*	$b_k = b_s - 440$ $b_k > (2{,}0 \cdot \text{Türbreite} - 150)$			
	Kabinentiefe	*[mm]*	$t_k = t_s - 700$		$t_k = t_s - 740$	
Lastaufzüge mit zweiflügeliger, schlossloser Drehtür						
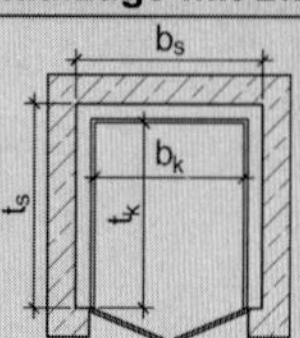	**Personen**	*[Anzahl]*	21		26	
	Nennlast	*[kg]*	1600		2000	
	Kabinenbreite	*[mm]*	$b_k = b_s - 500$			
	Kabinentiefe	*[mm]*	$t_k = t_s - 460$			

t_s ... Schachttiefe
b_s ... Schachtbreite

100.5.1.6 STEUERUNG

Als elektrische Verbindung zwischen der festen Anschlussstelle im Schacht und der Aufzugkabine ist bei Aufzügen mit mittlerer Hubhöhe eine bewegliche flexible Steuerleitung als Leitungsträger zweckmäßig. Bei Gebäuden, in denen Aufzüge eine große Hubhöhe überwinden, ist für diesen Leitungsträger ein Stahldrahtseil einzusetzen. Die automatisch arbeitenden Steuerungen von Aufzuganlagen lassen sich in folgende Hauptgruppen einteilen:

Einzelfahrtsteuerung

Bei Einzelfahrtsteuerung wird jeweils nur ein Fahrbefehl angenommen und ausgeführt. Ein Anhalten der Fahrkabine zum Zusteigen anderer Aufzugsbenutzer ist dabei nicht möglich. Diese Steuerung ist vor allem für Lastenaufzüge vorzusehen, bei denen ein Anhalten während der Fahrt wegen der beladenen Fahrkabine nicht sinnvoll ist.

Richtungsunabhängige Sammelsteuerung

Bei dieser Steuerung werden alle Fahrbefehle der Innen- und Außensteuerung gespeichert. Der Aufzug arbeitet alle vorliegenden Steuerbefehle in der vorliegenden Fahrtrichtung ab. Diese Steuerung eignet sich für Personenaufzüge in Wohngebäuden bis zu etwa fünf Haltestellen.

Richtungsabhängige Sammelsteuerung

Bei dieser Steuerung werden ebenfalls alle Fahrbefehle der Innen- und Außensteuerung gespeichert. In den Außensteuertafeln der Zwischenhaltestellen sind jedoch zwei Befehlsschalter vorhanden, jeweils für die gewünschte Fahrtrichtung „*aufwärts*“ oder „*abwärts*“. Der Aufzug hält nur, wenn die von der Fahrkabine eingeschlagene Fahrtrichtung mit der gewünschten Fahrtrichtung übereinstimmt. Durch diese Steuerung ergibt sich besonders bei häufigem Zwischenstockverkehr eine wirtschaftliche Verkehrsabwicklung.

Gruppensammelsteuerung

Bei Gruppensammelsteuerung werden die Fahrtwünsche mehrerer räumlich nebeneinander angeordneter Aufzüge richtungsabhängig gespeichert und nach einem bestimmten System ausgeführt. Fährt zum Zeitpunkt des Eintreffens des Rufes kein Aufzug, so erhält der der rufenden Haltestelle nächststehende Aufzug den Befehl übertragen. Befinden sich die Aufzüge in Fahrt, dann wird der Außensteuerbefehl dem Aufzug zugeteilt, der sich in der gewünschten Fahrtrichtung am nächsten befindet. Bei größeren Gruppensammelsteuerungen empfiehlt sich der Einsatz zusätzlicher Einrichtungen zur Verkehrserfassung.

Abbildung 100.5-05: Hochhausaufzüge Fahrbereichszuordnung

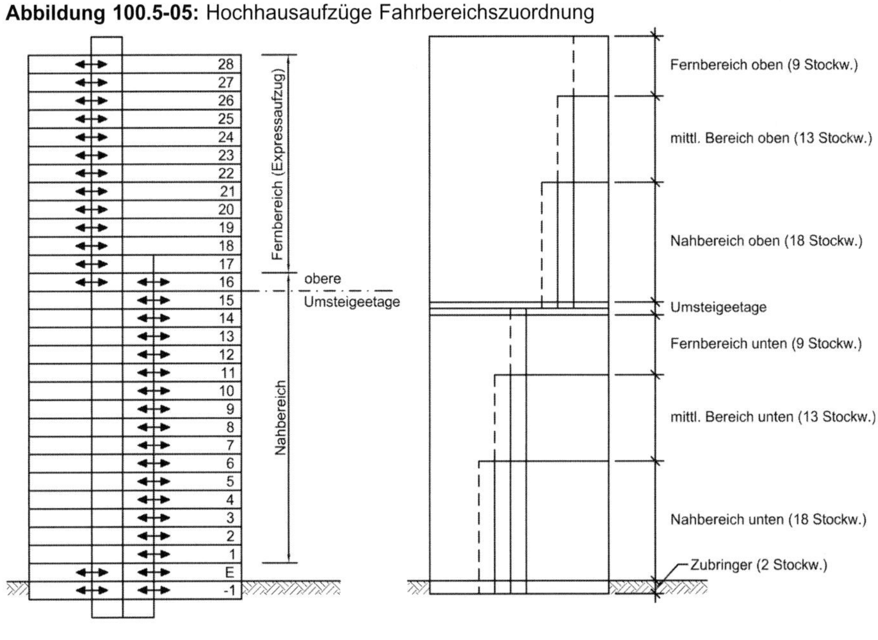

Besetzteinrichtungen

Besetzteinrichtungen ermöglichen eine weitere Verbesserung der Förderleistung, weil bei voll besetzten Fahrkabinen das Anhalten wegen eines Außensteuerbefehles unnötige Fahrtverzögerungen herbeiführt. Durch eine Besetzteinrichtung wird die Annahme eines Außensteuerbefehles so lange verhindert, bis eine Entlastung der Fahrkabine (Aussteigen von Personen) erfolgt. Die Besetzteinrichtung kann im Bereich von 60 bis 80 % der Nennlast eingestellt werden.

Bei Aufzuggruppen in Hochhäusern lassen sich Wartezeiten durch Zuordnung von Aufzügen zu bestimmten Fahrbereichen verringern. Nach dem Schema in Abbildung 100.5-06 würde demnach *„Aufzug 1"* vom KG. bis in das 16. OG. führen, während *„Aufzug 2"* nur die Stationen KG., EG. und 16. OG bis 26. OG. bedient. Nur im 16. OG., EG. und KG. besteht die Möglichkeit, von einem Aufzug in den anderen umzusteigen. Bei Aufzuggruppen mit mehreren Aufzügen lässt sich dieses Prinzip auch dem abgebildeten Schema entsprechend auf mehrere Fahrbereiche erweitern.

100.5.1.7 SICHERHEITSEINRICHTUNGEN

Sicherheitseinrichtungen werden in Technischen Richtlinien und Normen empfohlen und in Verordnungen und Gesetzen vorgeschrieben. Diese Empfehlungen und Vorschriften werden der technischen Entwicklung ständig angepasst. Es empfiehlt sich deshalb, in der Planungsphase vor der Präzisierung von Sicherheitseinrichtungen den aktuellen Stand der für das Bauvorhaben relevanten Sicherheitsvorschriften und Empfehlungen zu erheben (In Österreich sind Bauordnungen in Landesgesetzen festgelegt, es bestehen deshalb bei manchen Sicherheitsvorschriften regionale Unterschiede!). Ohne Reihung nach Wichtigkeit sind nachfolgend einige derartige Sicherheitsvorkehrungen angeführt:

Fahrbahnumwehrung

Fahrbahnen von Fahrkabinen und Gegengewichten sind zu umschließen, eine Trennung von Fahrbahnen ist nicht erforderlich. Jene Stellen, wo bewegte Teile einen geringeren Abstand als 0,7 m von Gängen, Stiegen, Fenstern und dergleichen haben, sind in einer Höhe von 2 m zu umwehren. Endet ein Fahrschacht in einer begeh- oder befahrbaren Fläche, dann muss auch die Fahrbahn mindestens 2 m hoch ortsfest umwehrt sein.

Fahrschachtbeleuchtung

Der Fahrschacht muss mit einer künstlichen Beleuchtung ausreichend hell beleuchtet werden können. Die Beleuchtungskörper sind fest anzubringen und zwar jeweils 0,5 m von der höchsten und niedrigsten Stelle des Schachtes beginnend im Abstand von jeweils mindestens 7 m. Zur Schaltung der Fahrschachtbeleuchtung sind Wechselschalter im Triebwerksraum und im Fahrschacht anzubringen. Reicht die Umgebungsbeleuchtung aus, ist eine eigene Schachtbeleuchtung nicht erforderlich.

Schutzräume

Durch Anschläge in der Schachtgrube ist zu gewährleisten, dass nach dem Aufsetzen der Fahrkabine zwischen der Tragkonstruktion der Fahrkabine und der Schachtgrubensohle ein mindestens 0,5 m hoher Schutzraum verbleibt. Das Hineinragen von Fahrkabinenschürzen, Führungselementen und Fanggehäusen in den Schutzraum ist unbedenklich. Wenn das Gegengewicht aufsitzt, muss über dem höchsten Konstruktionsteil der Fahrkabine ein Schutzraum verbleiben, dessen Höhe sich als Differenz von Überfahrtshöhe und Fahrkabinenhöhe ergibt.

Schauöffnungen

Wenn am Schachtzugang keine Anwesenheitsanzeige vorgesehen ist, sind handbetätigte Schachttüren mit Schauöffnungen auszuführen. Diese sind so anzuordnen, dass Personen verschiedener Größe die Anwesenheit der Fahrkabine feststellen können.

Selbsttätig schließende Türen

Ein- und zweiflügelige Drehtüren können selbst schließend ausgeführt werden. Die Schließbewegung ist zu dämpfen, so dass niemand gefährlich eingeklemmt werden kann.

Schachttürverriegelungen

Schachttüren dürfen nur geöffnet werden können, wenn der Antrieb abgeschaltet ist und sich der Fahrkabinenboden in der Entriegelungszone befindet. Eine Fahrkabine darf erst in Bewegung gesetzt werden können, wenn alle Schachttüren geschlossen und verriegelt sind. Entriegeln einer Schachttür muss im Normalbetriebsfall die sofortige Stillsetzung des Aufzugs bewirken.

Notentriegelung

Schachttüren müssen mit einer Einrichtung zur Notentriegelung versehen sein, die im Notfall die Entriegelung der Türen von außen in jeder Stellung des Fahrkorbes im Schacht ermöglicht. Als Mittel zur Notentriegelung sind nur besondere Schlüssel zugelassen. Die Notentriegelung darf nicht feststellbar sein.

Notzugänge zum Fahrschacht

Bei einer Entfernung der Haltestellen von mehr als 15 m voneinander sind Notzugänge einzurichten. Die Türen der Notzugänge müssen verschließbar und mit einem Türschalter versehen sein.

Fangvorrichtungen

Eine aufgehängte Fahrkabine muss mit einer selbsttätig wirkenden, einfach überprüfbaren Fangvorrichtung ausgerüstet sein. Gegengewichte sind mit derartigen Fangvorrichtungen auszurüsten, wenn die Gegengewichtsbahnen nicht bis auf den Erdboden oder bis auf die Gebäudeteile schützende Widerlager geführt werden. Eine Fangvorrichtung muss bei übermäßiger Dehnung oder bei Bruch von Tragmitteln bei Erreichen der Auslösegeschwindigkeit wirken. Fangvorrichtungen dürfen nicht in Aufwärtsrichtung wirken. Bei Aufzügen mit Betriebsgeschwindigkeiten bis 2 m/s muss die Fangvorrichtung durch Anfahren in der Gegenrichtung selbsttätig in die Ausgangsstellung zurückkehren.

Geschwindigkeitsbegrenzer

Bei Überschreiten der festgelegten Betriebsgeschwindigkeit muss ein Geschwindigkeitsbegrenzer die Fangvorrichtung auslösen und einen Sicherheitsschalter betätigen, der den Antrieb abschaltet.

Triebwerksbremse

Das Triebwerk muss mit einer elektrisch gesteuerten Triebwerksbremse ausgerüstet sein. Die Triebwerksbremse muss bei abgeschaltetem Antrieb stets wirksam sein. Nur bei eingeschaltetem Antrieb wird die Bremse angehoben. Die Triebwerksbremse muss durch einen einfachen Griff von Hand aus angehoben werden können. Bei Loslassen der Bremsanhebevorrichtung oder bei Inbetriebsetzen des Antriebsmotors muss die Triebwerksbremse selbsttätig betriebsbereit werden.

Handnotbetrieb

Das Triebwerk muss so eingerichtet sein, dass es im Notfall von Hand aus angetrieben und dadurch die Fahrkabine gehoben oder gesenkt werden kann. Zu diesem Zweck dürfen nur nicht durchbrochene Scheibenräder verwendet werden. Die Drehrichtung für Auf- und Abwärtsfahrt und die Stellung der Fahrkabine müssen beim Triebwerk gekennzeichnet sein. Aufzüge mit direktem hydraulischem Antrieb müssen mit einer von Hand zu betätigenden, durch ein Hinweisschild gekennzeichneten Notablassvorrichtung versehen sein. Aufzüge mit indirektem hydraulischem Antrieb müssen mit einer fest eingebauten Handpumpe ausgerüstet sein.

Erdung

Fahrkabinen und Türrahmen, an denen Sicherheitsschalter angebracht sind, müssen durch einen grün/gelb gekennzeichneten Leiter miteinander und mit dem Schutzleiter der Anlage verbunden werden.

Nothalteschalter

In der Fahrkabine muss ein als solcher gekennzeichneter Nothalteschalter vorhanden sein, dessen Betätigungsorgan rot gefärbt ist.

Betriebsschalter

Im Triebwerksraum ist ein handbetätigter Lastschalter (Hauptschalter) in der Nähe der Zugangstür anzubringen. Durch diesen Schalter muss die Energiezufuhr zum Aufzug allpolig abgeschaltet werden können. Die Schaltstellung muss durch Hebel oder Drehgriff einwandfrei erkennbar sein.

Steigleitungsschalter

In Wohn- und Bürogebäuden ist im Erdgeschoß oder bei der untersten Haltestelle zur allpoligen Abschaltung der Aufzugssteigleitung ein gegen Betätigung durch Unbefugte geschützter Steigleitungsschalter anzubringen.

Überlastungsschutz

Der Antriebsmotor muss gegen Überlastung geschützt werden. Durch Einsatz einer Überlasteinrichtung lässt sich das Anfahren einer überladenen Fahrkabine vermeiden.

Beleuchtung

Die Beleuchtung von Triebwerks- und Rollenräumen, von deren Zugängen und von Fahrschächten muss unabhängig von den Stromkreisen des Aufzugs sein.

Betriebsendschalter

Die Steuerung muss so eingerichtet sein, dass die Fahrkabine bei Erreichen der Endstellungen durch betriebsmäßige Endabstellung selbsttätig zum Stillstand kommt. Bei Betriebsgeschwindigkeiten über 2 m/s muss die Endabstellung zumindest durch zwei mechanisch voneinander unabhängige Schaltergruppen erfolgen.

Inspektionsschalter

Am Fahrkorbdach ist ein Inspektionsschalter anzuordnen, der bei Einschalten der Dachsteuerung zwangsläufig die Innen- und Außensteuerung abschaltet.

Notrufvorrichtung

In der Fahrkabine ist bei den Befehlsschaltern ein entsprechend gekennzeichneter Notruf-Druckknopf in gelber Farbe anzuordnen. Das Signal der Notrufvorrichtung muss außerhalb des Fahrschachtes hörbar sein. Eine Fernsprecheinrichtung im Fahrkorb ersetzt die Notrufanlage.

Stromlaufpläne

Im Triebwerksraum müssen aktuelle Stromlaufpläne mit Legende der elektrischen Anlagen vorhanden sein, aus denen ersichtlich ist, wie die schaltungstechnischen Anforderungen erfüllt werden.

Kennzeichnung von Triebwerksräumen

An den Türen von Triebwerks- und Rollenräumen und an den Türen zu Schachtgruben ist das Eintrittsverbot für Unbefugte ersichtlich zu machen.

100.5.2 ANTRIEBSSYSTEME

Für den Planer sind der Schachtquerschnitt, die Anordnung des Triebwerksraumes und die Art der Schachttüren wesentliche Planungsgesichtspunkte. Voraussetzung für eine funktionsgerechte Erschließung eines Gebäudes ist eine Förderleistungsberechnung, die bei der gegebenen Gebäudestruktur und den Nutzungsanforderungen mit Berücksichtigung der Wartezeiten die erforderliche Anzahl, Größe und Fahrgeschwindigkeit der Aufzüge ermittelt. Danach ist die Aufzugsart festzulegen. Als Antriebstechnik gibt es vorwiegend den Treibscheibenantrieb bei Seilaufzügen, dessen Seile über eine Treibscheibe laufen, oder einen hydraulischen Heber bei Hydraulikaufzügen. Konstruktionsbedingt sind für den Hydraulikaufzug geringe Förderhöhen und große Lasten der bevorzugte Einsatzbereich. Über eine indirekte Heberanordnung oder durch mehrstufige Teleskopheber kann die Förderhöhe die geometrische Beschränkung der Heberlänge überschreiten.

Abbildung 100.5-06: Funktionsprinzipien Aufzugssysteme

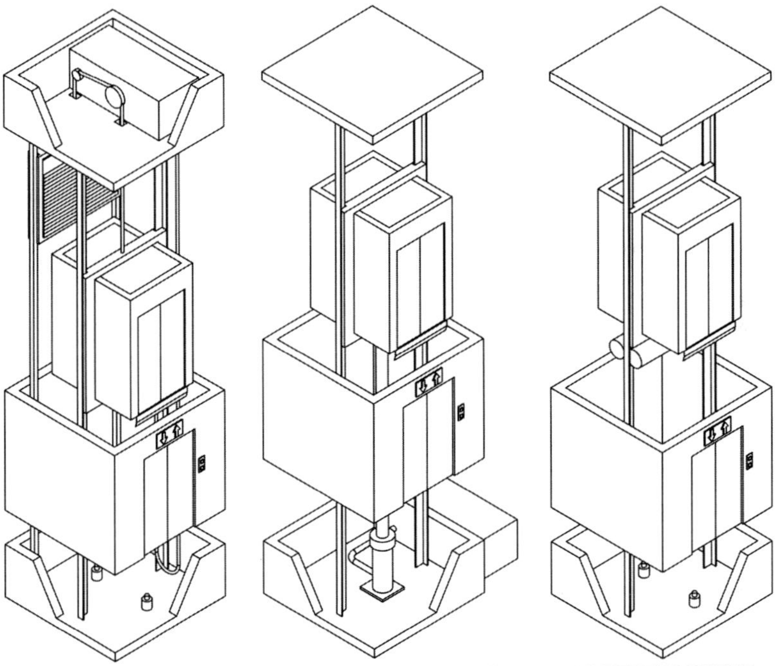

100.5.2.1 HYDRAULIKANTRIEBE

Aufzüge mit hydraulischem Antrieb werden durch einen oder mehrere Hubstempel bewegt, die unterhalb oder seitlich der Aufzugskabine angeordnet werden. Bei dieser Antriebsart werden das Kabinengewicht und die volle Nutzlast gehoben – das erfordert eine im Vergleich zum Seilantrieb erhöhte Motorleistung. Die wirtschaftlich erreichbare Förderhöhe liegt bei ca. 20 m (5 bis 6 Vollgeschoße).

Nachfolgende Abbildung zeigt schematisch verschiedene Heberanordnungen ohne eine Kombination mit Teleskophebern. Der frühere klassische Hydraulikheber arbeitete auf Druck und war zentral unter der Kabine angebracht. Aufgrund der inzwischen geltenden wasserrechtlichen Vorschriften kommt diese Art heute nur noch zur Anwendung, wenn der Heber unterhalb der Schachtgrube derart platziert werden kann, so dass er nicht in das Erdreich hineinragt.

Abbildung 100.5-07: Systeme Hydraulikaufzüge

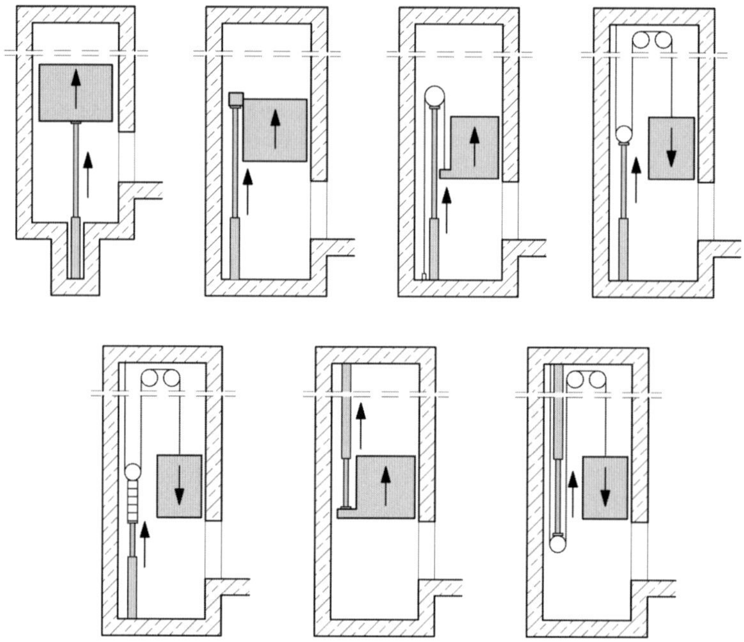

Die heute üblichen Ausführungen eines Hydraulikaufzuges sind Lösungen, bei denen ein Druckzylinder direkt neben der Kabine steht bzw. indirekt über eine Seilrolle wirkt. In der Regel befinden sich hier die Führungsschienen für die Kabine in der Ebene des Hebers bzw. des Seilangriffspunktes der Kabine (Rucksackführung). Mit einem indirekt wirkenden Zugkolben eines in der Schachtgrube stehenden Hebers kann die Kabine über Seile und Rollen bewegt werden.

Weitere Heberanordnungen sind durch so genannte hängende Heber möglich, wobei es sowohl den direkten Zugkolben als auch den indirekt wirkenden Druckkolben gibt. Die derzeitigen Vorschriften lassen es zu, dass die Totlast der Kabine weitgehend durch ein Gegengewicht ausgeglichen wird, so dass die Dimensionierung sowohl des Hebers als auch des Hydraulikaggregates günstiger wird. Durch doppelt beaufschlagte Heber bzw. hydraulische Ausgleichseinrichtungen gibt es auch Lösungen, die über den reinen Totlastausgleich hinausgehen und damit in Bezug auf die erforderliche installierte Antriebsleistung nahe an einen Seilaufzug herankommen. Ohne solche Ausgleichsmaßnahmen ist die installierte Leistung für einen Hydraulikaufzug rund doppelt so hoch wie bei einem Seilaufzug.

Als Vorteil gilt bei Hydraulikaufzügen, dass der Triebwerksraum nicht grundsätzlich direkt am Schacht liegen muss, obwohl dies aus verschiedenen Gründen anzustreben ist. Besonders ist zu beachten, dass Hydraulikleitungen über ihre gesamte Länge immer einsehbar sind, damit austretendes Lecköl erkannt und fachgerecht entsorgt werden kann. Hydraulikaggregate können in einer Entfernung bis zu maximal 10 m von der Schachtgrube angeordnet werden. Über verhältnismäßig dünne Hydraulikleitungen wird ihre Verbindung mit den im Fahrschacht angeordneten Hydraulikzylindern hergestellt. Bis zu einer Tragkraft von ~1200 kg kann der Antrieb über einen Hydraulikstempel erfolgen. Für Tragkräfte bis 5000 kg kommen zwei Hydraulikstempel zum Einsatz.

100.5.2.2 SEILANTRIEBE

Der Antrieb erfolgt über eine mit dem Elektromotor gekoppelte Treibscheibe, welche über Reibung die Hälfte der Nutzlast (ohne Berücksichtigung des Seilgewichtes) auf die Antriebswelle überträgt. Die andere Hälfte und das Eigengewicht der Kabine werden über ein Gegengewicht ausgeglichen. Sowohl im unbelasteten als auch im belasteten Zustand wird daher immer nur maximal die halbe Nutzlast gehoben.

Unter Berücksichtigung der Gewichte von Seilen und Hängekabel ergeben sich dann die tatsächlichen Kräfte U_1 und U_2 auf den Treibscheibenantrieb. Die Übertragung der Kräfte aus dem Seil erfolgt über Reibung an der Treibscheibe und ist abhängig von der Rillenform.

Abbildung 100.5-08: Gewichtsausgleich Seilaufzüge

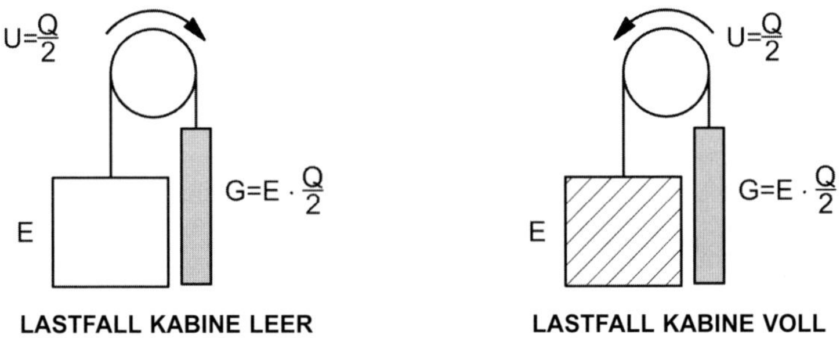

$$U_1 = Q + E + q_{so} \cdot z_o \cdot h - G - q_{su} \cdot z_u \cdot h$$

$$U_2 = G + q_{so} \cdot z_o \cdot h - E - q_{su} \cdot z_u \cdot h - q_k \cdot \frac{q_k}{4} \qquad (100.5\text{-}04)$$

$$U_1 = U_2 = G = E + \frac{Q}{2} + q_k \cdot \frac{h}{4} = \frac{Q}{2} + h\left(q_{so} \cdot z_o - q_{su} \cdot z_u - \frac{q_k}{4}\right)$$

Q	Nutzlast	[N]
E	Eigengewicht	[N]
G	Gegengewicht	[N]
q_{so}	Meterlast-Oberseil	[N/m]
q_{su}	Meterlast-Unterseil	[N/m]
q_k	Meterlast-Hängekabel	[N/m]
$z_{o,u}$	Zahl der Seilstränge	[–]

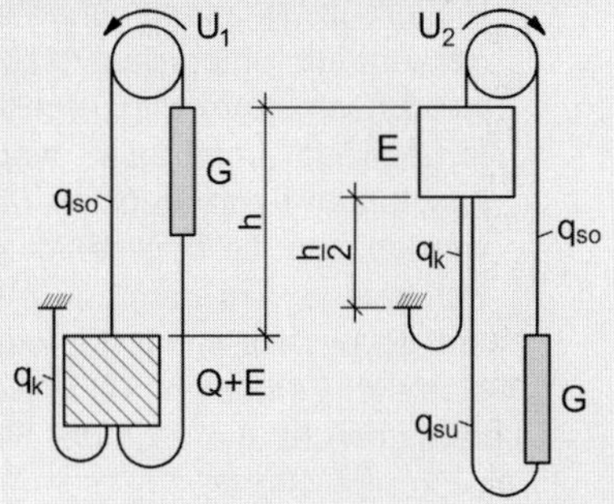

Die beste Antriebsanordnung ist direkt über dem Schacht. Dies gilt sowohl für eine direkte Aufhängung von Kabine und Gegengewicht als auch für eine Aufhängung 2:1. Eine solche Anordnung hat die geringste Anzahl von Seilumlenkungen, was für die Seillebensdauer sehr förderlich ist. Um die Höhe des Triebwerksraumes zu reduzieren, ist eine Aufstellung des Antriebes direkt neben dem Schacht möglich, was allerdings eine Verlängerung der Seile und Erhöhung der Umlenkung ergibt (Seilverschleiß, Verluste).

Abbildung 100.5-09: Systeme Seilantriebe

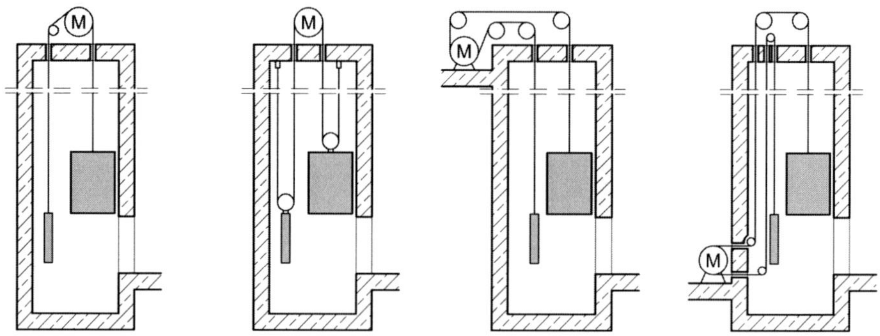

Der Antrieb unten neben dem Schacht erfordert zur Seilumlenkung oberhalb des Schachtes etwa die gleiche Höhe wie die Position oben neben dem Schacht und benötigt zudem rund die doppelte Seillänge. Hinzu kommen zusätzliche Umlenkungen, was wiederum der Seillebensdauer abträglich ist. Weiterhin werden Geräusche aus dem Antrieb nicht durch eine Eigenmasse reduziert, da die gesamte Treibscheibe auf Zug nach oben belastet ist und damit der Antrieb gegen die Schachtwand in Richtung nach oben abgestützt werden muss.

100.5.2.3 AUFZÜGE OHNE TRIEBWERKSRAUM

Neue Entwicklungen bieten die Möglichkeit, ohne einen besonderen Triebwerksraum auszukommen:

- Bei Seilaufzügen wird dabei der Antrieb im Schachtkopf untergebracht, wobei dieser in seiner Höhe praktisch unverändert bleibt, da ohnehin ein Schutzraum für Inspektions- und Wartungszwecke vorgeschrieben ist. Das Kabinendach wird dabei zu einer Wartungsplattform ausgebaut.
- Kletteraufzüge entsprechen einem besonders innovativen Konzept, bei dem der Antrieb unter dem Kabinenboden angebracht ist. Die Antriebskräfte werden von drehzahlgeregelten Motoren auf vier mit Polyurethan beschichtete Laufräder übertragen, wobei jeweils ein Antriebs- und ein Laufrad durch konstanten Federdruck an das Laufprofil der Führungsschienen angepresst werden, um die erforderliche Haftreibung für den Vortrieb zu erhalten. Die Fahrkabine wird damit zu einem Fahrzeug, das sich aus eigener Kraft auf und ab bewegt und dafür weder Tragseile noch sonstige Hebevorrichtungen benötigt. Es besteht keine Notwendigkeit, jedoch die Möglichkeit, das Fahrzeuggewicht und 25% der Nennlast über Gegengewichte mit Seilführungen zu kompensieren.

Abbildung 100.5-10: Systeme ohne Triebwerksraum

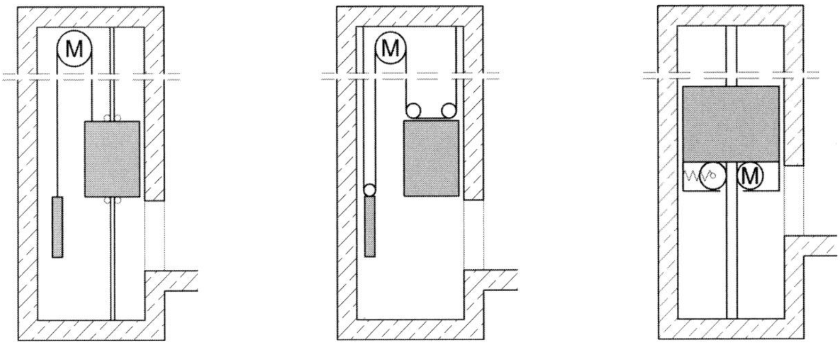

100.5.3 BAULICHE MASSNAHMEN

Aufzugsanlagen erfüllen wesentliche Gebäudefunktionen und sind deshalb sowohl bei der Konzeption als auch bei der Errichtung und bei Betrieb von Gebäuden mit sonstigen baulichen Maßnahmen unter Beachtung nachfolgender Grundsätze sorgfältig abzustimmen.

Temperatur

Im Aufzugsschacht und in Maschinenräumen soll die Raumlufttemperatur im Bereich von +5°C bis +40°C liegen. In diesem Temperaturbereich muss der Aufzughersteller einen ordnungsgemäßen Betrieb der Aufzugsanlage gewährleisten.

Bautoleranzen

Die Angaben der Schacht- und Maschinenraumabmessungen bedeuten immer Fertigmaße. Die zulässige Bautoleranz beträgt ±20 mm. Diese gilt auch für die Lotabweichung auf die gesamte Schachthöhe.

Bauzustand

Die Schachtwände müssen zumindest staubfrei (patschokiert) sein. Betonschächte sind mit B160 als Betonmindestgüte auszuführen. Wenn der Aufzugschacht nicht betoniert wird (Mauerwerk, Mantelbeton etc.), müssen dem Aufzugsplan entsprechend Betongründe für die Dübelmontage hergestellt oder Halfenschienen versetzt werden. Bei Stahlschächten müssen Halfenschienen als Befestigungsgründe, entsprechend dem Aufzugsplan, vorgesehen werden.

Schachtgrube

Bei elektro-hydraulisch betriebenen Aufzugsanlagen muss die Schachtgrube als öldichte Wanne (Fassungsvermögen > Ölvolumen des Antriebs) ausgebildet werden. Bei Seilaufzügen mit Maschinenraum und bei maschinenraumlosen Anlagen ist ein staubfreier Anstrich und ein Schutz gegen eindringende Feuchtigkeit ausreichend. Bei Seilaufzügen muss der Bereich unter der Gegengewichtsfahrbahn gewachsener Boden sein.

Zugang außerhalb der Baulichkeit

Wenn ein Aufzugsausstieg ins Freie mündet, muss dafür gesorgt werden, dass alle direkten Witterungsverhältnisse von der Anlage (den Türen) abgehalten werden. Nach Möglichkeit ist ein Vordach mit seitlicher Verblendung anzuordnen. Der Aufzugsvorplatz ist möglichst mit ansteigendem Gefälle auszuführen, damit kein Niederschlag in die Schachtgrube gelangen kann.

Maschinenraum

Der Zugang zum Maschinenraum bzw. zum Schaltschrank bei maschinenraumlosen Anlagen muss jederzeit ungehindert möglich sein. Der Zugang soll möglichst vom Gebäudeinneren erfolgen. Bei Anlagen mit elektrohydraulischem Antrieb kann die Anordnung des Maschinenraumes bis zu 10 m entfernt vom Aufzugsschacht erfolgen. Eine möglichst geradlinige Verbindung zum Aufzugsschacht muss jedoch sichergestellt sein.

Entlüftung

Die Entlüftungen des Aufzugsschachtes sowie des Maschinenraumes müssen jeweils einen Öffnungsquerschnitt von 1 % der Grundfläche des Schachtes bzw. des Maschinenraumes aufweisen. Wenn mit der Aufzugsanlage einzelne Brandabschnitte verbunden werden (brandhemmende Schachtausbildung), erhöht sich der erforderliche Lüftungsquerschnitt auf 2,5% der jeweiligen Grundfläche.

Schallschutz

Zur Vermeidung von Schallübertragungen sind die dafür in ÖNORM B 8115-4 festgelegten Bestimmungen einzuhalten.

Notruf-Kommunikation

Alle Aufzüge müssen mit einem Notrufkommunikationssystem ausgerüstet sein. Ein Telefonanschluss (Zuleitung bis zum Schaltschrank oder Maschinenraum) ist herzustellen.

Installationen

Im Aufzugsschacht sind grundsätzlich keine aufzugsfremden Leitungen zu installieren. Wenn sich Leitungsführungen im Aufzugsschacht nicht vermeiden lassen, dann sind diese brandhemmmend gegen den Aufzugsschacht abzuschotten und dürfen im Aufzugsschacht keine Wartungs- oder Revisionsöffnungen aufweisen.

Elektrische Zuleitungen

An den Stromzuleitungen der Aufzugsanlage dürfen keine anlagenfremden Stromverbraucher angeschlossen werden. Es sind getrennte Stromzuleitungen für 400 V (50 Hz) und 230 V (50 Hz) Nennspannung herzustellen.

Beleuchtung

Bei allen Aufzugszugängen muss im Vorplatzbereich eine Beleuchtung von mindestens 50 Lux (gemessen am Fußboden) gewährleistet sein. Im Bereich des Schaltschrankes (bei maschinenraumlosen Aufzügen) und in Maschinenräumen muss die Beleuchtungsstärke mindestens 200 Lux betragen.

Potenzialausgleich

Die Aufzugskonstruktion im Schacht muss an die Erdungs- und Blitzschutzanlage angeschlossen werden.

Schachtverkleidung von Kleingüteraufzügen

Nach Einbau der Aufzugsanlage einschließlich Schachtgerüst muss das Gerüst (gemäß Bauvorschrift) verkleidet werden. Die Verkleidungslasten dürfen nicht auf das Aufzugsgerüst abgeleitet werden.

Montageöffnung für Kleingüteraufzüge

Für die Anlagenmontage sollte die gesamte Vorderwand offen sein, um die Einbringung der Aufzugskomponenten zu erleichtern.

Beispiel 100.5-03: Ausschnitte Baueinreichung – Seilaufzug Teil 1 [78]

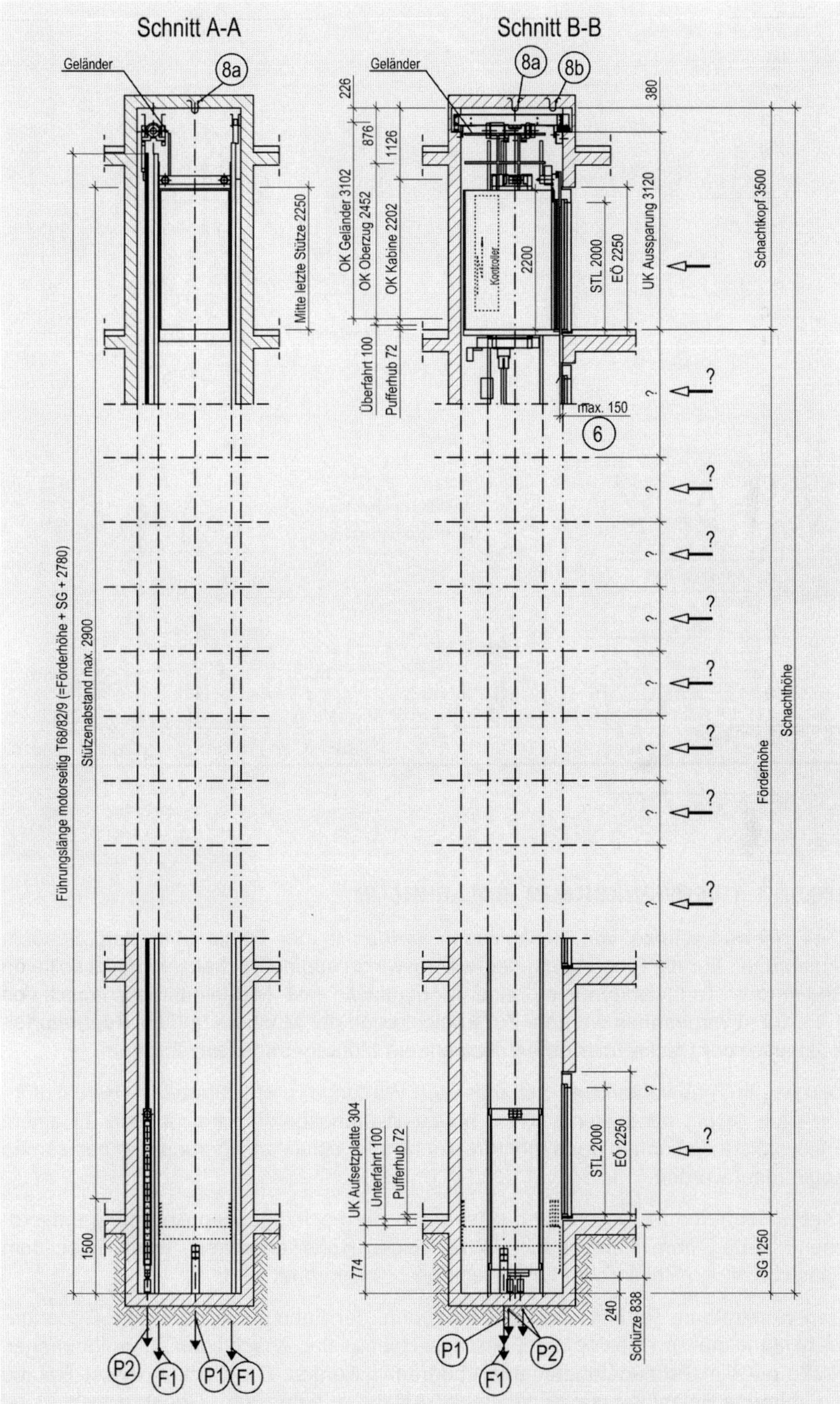

Beispiel 100.5-04: Ausschnitte Baueinreichung – Seilaufzug Teil 2 [78]

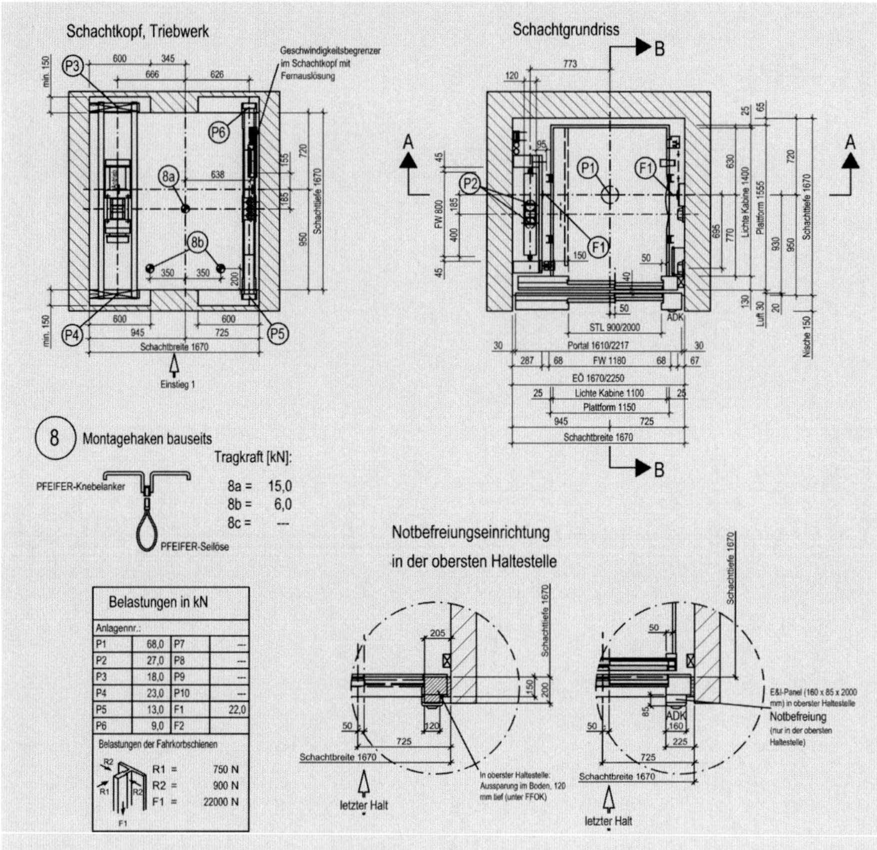

100.5.3.1 TRIEBWERKSRAUM, ROLLENRAUM

Die Triebwerksräume von Seilaufzügen werden in der Regel über dem Schacht angeordnet. Für die Einbringung der Aufzugswinde und des Schaltschrankes sollte im Boden des Triebwerksraumes eine Montageluke mit Mindestabmessungen von 1,0 x 1,5 m vorgesehen werden. Zur Erleichterung der Montage und für Reparaturfälle ist unter der Decke über dem Triebwerk ein Montageträger anzuordnen.

Dort wo an Triebwerken und Schaltgeräten Wartungs- und Prüfarbeiten durchzuführen sind, ist ein mindestens 70 cm breiter Wartungsbereich freizuhalten. In einem Triebwerksraum können auch mehrere Triebwerke einer Aufzuggruppe gemeinsamen angeordnet werden.

Triebwerksräume für Seilantriebe lassen sich der nachfolgenden Abbildung entsprechend neben dem Fahrschacht in beliebiger Höhe anordnen, wenn über dem Fahrschacht ein Rollenraum für Umlenkrollen angeordnet wird.

Liegen betretbare Räume unter der Fahrbahn, der Fahrkabine oder dem Gegengewicht, dann müssen die von den Führungsschienen und Anschlägen aufgenommenen Kräfte auf die Gebäudefundamente übertragen werden. Die Decken dieser Räume sind für eine Belastung von mindestens 5 kN/m^2 zu bemessen. Gegengewichte sind in diesem Fall mit Fangvorrichtungen auszurüsten, und unter den Fahrbahnen der Fahrkabinen und den Gegengewichten sind Energie verzehrende Puffer anzuordnen, die für die Auslösegeschwindigkeit ausgelegt sind.

Beispiel 100.5-05: Belastungsangaben Triebwerksraum und Schachtsohle [78]

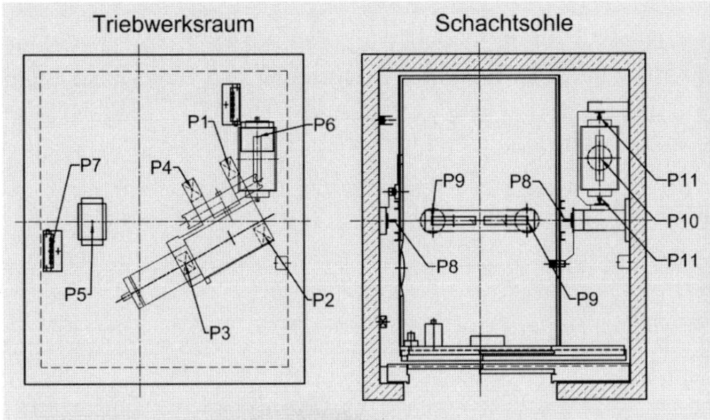

Beispielhafte Belastungsangaben	[N]
P1	13000
P2	13000
P3	13500
P4	13500
P5	26000
P6	19000
P7	2300
P8	41000
P9	63000
P10	91000
P11	43000

Tabelle 100.5-05: Abmessungen Triebwerksräume für Seilaufzüge

Nennlast	*[kg]*	400	630	1000	1250	1600
Höhe	*[m]*	1,8	1,8	1,8	1,8	1,8
Breite	*[m]*	2,2	2,2	2,4	3,2	3,2
Tiefe	*[m]*	3,2	3,2	4,2	4,9	5,5

Bei hydraulischen Antriebsarten liegt der Triebwerksraum mit dem Antriebsaggregat meist unmittelbar neben dem Schacht auf der Höhe der untersten Haltestelle. Dieser Triebwerksraum erfordert weniger Platz in Vergleich zu dem Platzbedarf für Seilaufzüge, und er kann auch einige Meter vom Schacht entfernt angeordnet werden. Gesonderte Triebwerksräume sind bei Ausführungen entbehrlich, welche den Antrieb im Bereich des Schachtkopfes oder an der Kabine unterbringen. Für die Zugänglichkeit dieser Antriebe sind geeignete Wartungsbereiche vorzusehen.

100.5.3.2 FAHRSCHACHT

Eine zentrale Lage und damit Zusammenfassung aller Personenaufzüge im Verkehrsmittelpunkt eines Gebäudes ist zweckmäßiger als eine Verteilung auf Einzelaufzüge über die Gebäudegrundfläche. Aufzüge mit Lasttransport sollten räumlich getrennt von Personenaufzügen angeordnet werden. Schächte von Aufzügen sind brandbeständig auszuführen. Aufzugfremde Leitungen und Bauteile dürfen in Aufzugsschächten nicht angeordnet werden. Die Schachtabmessungen sind von der Bauart des Aufzuges abhängig und mit Lüftungs- und Rauchabzugsöffnungen zu versehen. Fahrschachtwände dürfen keine Vorsprünge aufweisen. In einem Fahrschacht können bis zu drei Aufzüge untergebracht werden.

Tabelle 100.5-06: Richtwerte Schachtabmessungen – Einzelaufzug

Nennlast	*[kg]*	400	630	1000	1250	1600
Breite	*[m]*	1,6	1,8	1,8	2,4	2,6
Tiefe	*[m]*	1,6	2,1	2,6	2,3	2,6
Fassungsvermögen	*[Personen]*	5	8	13	16	21

Aufzugsschächte werden dann entbehrlich, wenn für die Befestigung der vertikalen Laufprofile selbst tragende Fahrbahnstrukturen zur Verfügung stehen. In diesem Fall sind für unbefugte Personen jene Bereiche zu sichern, in welchen Verletzungsgefahr besteht.

Schachtkopf

Die Überfahrtshöhe wird von der Fußbodenoberkante der höchsten Station bis zur Unterkante der Schachtdecke gemessen und muss den Normvorschriften entsprechen.

Tabelle 100.5-07: Richtwerte Überfahrtshöhe

Geschwindigkeit bis	*[m/s]*	**0,63**	**1,0**	**1,6**	**2,5**
Höhe über Fußbodenniveau der obersten Haltestelle bis	*[m]*	3,7	3,8	4,0	5,0
Richtwert für Haltestellen	*Anzahl*	< 4	< 11	< 19	> 18
Richtwert für Förderhöhe	*[m]*	11	36	68	116

Schachtgrube

Die Schachtgrubentiefe wird von der Fußbodenoberkante der untersten Station bis zur Schachtbodenoberkante gemessen und muss den Normvorschriften entsprechen.

Tabelle 100.5-08: Richtwerte Schachtgrubentiefe

Geschwindigkeit bis	*[m/s]*	**0,63**	**1,0**	**1,6**	**2,5**
Tiefe	*[m]*	1,4	1,5	1,7	2,8
Richtwert für Haltestellen	*Anzahl*	< 4	< 11	< 19	> 18
Richtwert für Förderhöhe	*[m]*	11	36	68	116

Fahrschachtlüftung

Für die Entlüftung des Fahrschachtes ist im Schachtkopfbereich eine den Normvorschriften entsprechende Entlüftungsöffnung anzuordnen. Wird der Schacht durch den Triebwerksraum entlüftet, dann sind die genormten Mindestquerschnitte auch für den Triebwerksraum einzuhalten. Bei Verwendung brandhemmender Schachttüren sind die angegebenen Querschnitte mit dem Faktor 2,5 zu multiplizieren. Der Mindestquerschnitt ist in diesem Fall 0,1 m^2.

Tabelle 100.5-09: Richtwerte Entlüftungsquerschnitte

Nennlast	*[kg]*	**400**	**630**	**1000**	**1250**	**1600**
Mindestquerschnitt	*[cm^2]*	300	400	560	600	700
Fassungsvermögen[1])	*[Personen]*	5	8	13	16	21

[1]) bei Nennlast mit 75 kg/Person
Entlüftungsquerschnitt mind. 1% des Schachtquerschnittes

Aufzüge in der Stiegenspindel

Werden Aufzüge in einer Stiegenspindel angeordnet, so müssen diese aus Sicherheitsgründen mindestens 70 cm von Gängen und Stiegen entfernt sein oder mit einer mindestens 2 m hohen Schachtumwehrung versehen werden. Die Umwehrung muss im Bereich der Fahrkorböffnung über die ganze Schachtbreite und die volle Förderhöhe reichen und kann aus Drahtgitter (Mindestdrahtdicke 1,5 mm, maximale Maschenweite 10 mm), Sicherheitsverbundglas, Drahtglas oder Rohgussglas (Mindestdicke 6 mm, maximale Seitenlänge 1 m) sowie Glasbausteinen bestehen.

100.5.4 AUFZUGSARTEN

Aufzugsanlagen kommen für unterschiedliche Anwendungen zum Einsatz. Sie müssen den im Verlauf ihrer Nutzungsdauer zu erwartenden Anforderungen hinsichtlich Anzahl, Größe und Förderkapazität entsprechen. Dabei sind sowohl die aktuellen regionalen Bauvorschriften als auch die national geltenden Normen einzuhalten.

Bei größeren Gebäuden sollte der Aufzugsanlagenplanung eine Förderkapazitätsberechnung zugrunde gelegt werden (wird in örtlichen Bauvorschriften gefordert). Nach Anwendungsbereichen werden folgende Aufzugsarten unterschieden:

Personenaufzüge
Aufzugsanlagen ausschließlich für den Transport von Personen.

Personen-Lastenaufzüge
Aufzugsanlagen für die interne Versorgung von z.B. Bürogebäuden, Hotels oder Einkaufszentren.

Serviceaufzüge
Aufzugsanlagen für die interne Versorgung von z.B. Bürogebäuden, Hotels oder Einkaufszentren. Diese Anlagen stehen für den öffentlichen Transport im Normalfall nicht zur Verfügung und dienen dem Servicepersonal sowie Lieferanten für die Gebäudeversorgung.

Bettenaufzüge
Aufzüge für den Transport von Kranken-, Pflege- oder Spitalsbetten mit Begleitpersonal. Der Einsatzbereich liegt vorwiegend in Pflege- und Altersheimen sowie in Spitälern.

Autoaufzüge
Aufzüge für den Transport von Personenkraftwagen. Wenn die Einplanung einer Rampe nicht möglich ist, können mit diesen Anlagen Parkebenen erschlossen werden.

Lastenaufzüge
Aufzugsanlagen ausschließlich für den Warentransport ohne Begleitpersonen. Es ist dabei zu beachten, mit welchem Transportmittel der Aufzug be- und entladen wird.

Kleingüteraufzüge
Aufzugsanlagen ausschließlich für den Warentransport ohne Begleitpersonen. Diese Anlagen dürfen von Personen nicht benutzt werden. Das Mitfahren ist ausdrücklich untersagt.

100.5.4.1 PERSONENAUFZÜGE

Personenaufzüge sollen im Verkehrsmittelpunkt von Gebäuden angeordnet sein und nach Möglichkeit zu Aufzuggruppen zusammengefasst werden. Im Zuge der Entwicklung der Aufzugsanlagen haben sich Kabinengrößen mit unterschiedlichem Fassungsvermögen „P“ durchgesetzt. In ÖNORM EN 81 (Teile 1 bis 3) [68] sind diesem Fassungsvermögen auch genormte Tragfähigkeiten zugeordnet. Betriebsgeschwindigkeiten werden in Abhängigkeit von der Zahl der Haltestellen zwischen 0,63 und 2,5 m/s gewählt. Übliche Werte für Beschleunigungen liegen bei 1 m/s^2.

Der Stauraum vor den Fahrschachttüren muss für Personen, auch mit Handgepäck, und für zu transportierende Lasten ausreichend groß bemessen sein. Es können dafür folgende Richtwerte herangezogen werden:

- Die nutzbare Mindesttiefe des Stauraumes zwischen Fahrschachtwand und gegenüberliegender Wand soll mindestens das 1,5-Fache der Fahrkabinentiefe betragen.
- Die nutzbare Mindestfläche des Stauraumes soll gleich dem Produkt aus der 1,5-fachen Fahrkabinentiefe und der Fahrschachtbreite sein.
- Zwischen gegenüberliegenden Aufzügen soll die nutzbare Mindesttiefe des Stauraumes zwischen den Fahrschachttürwänden gleich der Summe der beiden gegenüberliegenden Fahrkabinentüren, jedoch nicht größer als 4,5 m sein.

Abbildung 100.5-11: Kabinenabmessungen – Personenaufzüge

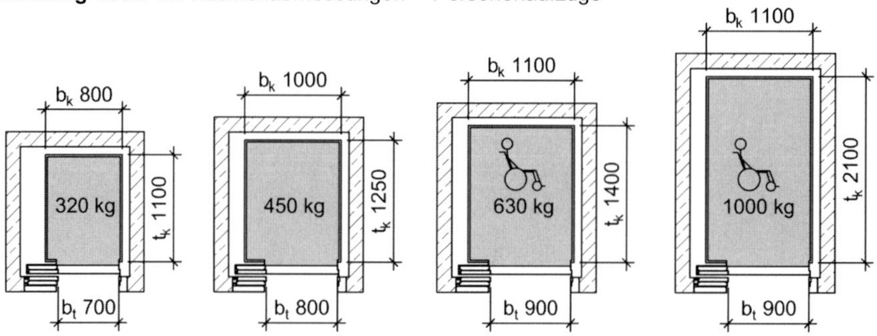

100.5.4.2 AUFZÜGE IN HOCHHÄUSERN

Nach der Bestimmungen der ÖNORM B 2455 sind für Aufzüge in Hochhäusern unter anderem folgende Bauvorschriften zu beachten:

- Aufzüge müssen in brandbeständig umschlossenen Schächten geführt werden. Es sind maximal zwei Aufzüge in einem gemeinsamen Schacht situierbar.
- Fahrschachttüren müssen für den Einbau in brandbeständig umschlossenen Schächten geeignet und für Personenaufzüge mindestens selbst schließend ausgeführt sein.
- Das Triebwerk muss über dem Aufzugsschacht angeordnet sein. Der Zugang zum Triebwerksraum muss innerhalb der Baulichkeit liegen.
- Die Stromzuleitung zum Triebwerksraum ist als gesonderte Leitung vom Niederspannungsanschluss des Gebäudes zu verlegen. Sie ist brandbeständig zu umschließen, soweit sie außerhalb des brandbeständig umschlossenen Fahrschachtes geführt wird.
- Die Notrufeinrichtung muss durch eine Gegensprechanlage zwischen dem Fahrkorb und der Zugangsstelle der Feuerwehr (Erdgeschoß) ergänzt werden.
- Bei Netzstromausfall müssen eine Hilfsstromquelle oder die Notstromversorgung die Notrufeinrichtung, die Gegensprechanlage und die Hilfsbeleuchtung im Fahrkorb für mindestens eine Stunde betriebsbereit halten.

Eine Zusammenfassung mehrerer Aufzüge zu Aufzuggruppen bzw. zu einer Aufzuganlage bietet mehrere Vorteile wie beispielsweise:

- Verringerung der mittleren Wartezeiten bei gleicher Förderleistung,
- Vermeidung von Betriebsunterbrechungen bei Wartungsarbeiten oder Betriebsstörung eines der Aufzüge,
- mögliche Gliederung der Stationen in Fahrbereiche,
- Wahl unterschiedlicher Fahrkabinengrößen für unterschiedliche Anforderungen,
- Wahl unterschiedlicher Fahrgeschwindigkeiten für unterschiedliche Fahrbereiche.

Abbildung 100.5-12: Personenaufzüge Gruppenanordnung

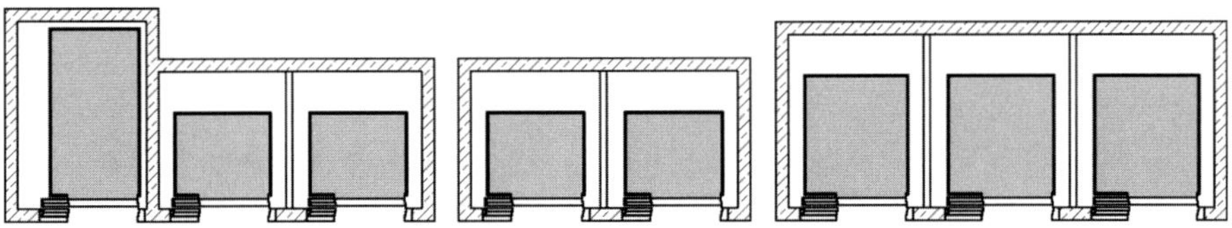

100.5.4.3 SICHERHEITSAUFZÜGE

Nach den Bestimmungen der ÖNORM B 2455 [51] ist in Hochhäusern (ab einer Höhe von 40 m) je Brandabschnitt ein Sicherheitsaufzug einzubauen, für den ferner folgende Bauvorschriften zu beachten sind:

- Der Zugang zu den Fahrschachttüren von Sicherheitsaufzügen muss in allen Stockwerken über eine direkt aus dem Freien belüftete Schleuse erfolgen. Der Zugang muss ferner so bemessen sein, dass eine belegte Krankentrage mit einer Breite von 0,6 m und einer Transportlänge von 2,26 m ungehindert eingebracht werden kann.
- Die Nennlast des Fahrkorbes muss mindestens 1000 kg betragen. Der Fahrkorb muss für den Transport von belegten Krankentragen geeignet sein und eine nutzbare Grundfläche von mindestens 1,0 x 2,1 m sowie eine lichte Breite der Fahrkorböffnung von mindestens 0,8 m haben.
- Für jeden Sicherheitsaufzug muss durch Notstromversorgung gewährleistet sein, dass der Fahrkorb mit einer Mindestgeschwindigkeit von 1 m/s betrieben werden kann.
- Für die Steuerung ist bei der Zugangsstelle der Feuerwehr (Erdgeschoß) ein Vorzugsbefehlsgeber einzubauen.
- Alle elektrischen Leitungen, auch die der Signaleinrichtungen, sind brandbeständig zu umschließen (z.B. mit Stahlpanzerrohr unter Putz), soweit sie außerhalb des brandbeständig umschlossenen Fahrschachtes geführt werden.
- Der Sicherheitsaufzug ist nicht in die Förderleistungsberechnung einzubeziehen.

100.5.4.4 PERSONEN-LASTENAUFZÜGE

Zur Sicherstellung ausreichender Transportkapazitäten in Geschäftshäusern, Hotels und Krankenhäusern sind Gruppen von zwei oder mehreren Aufzügen zweckmäßig. Besonderheiten wie beispielsweise außerordentliche Kapazitätsanforderungen, unregelmäßige Stockwerksdistanzen oder Zugänge von Tiefgaragen sind dabei besonders zu beachten.

Abbildung 100.5-13: Kabinenabmessungen – Personen-Lastenaufzüge

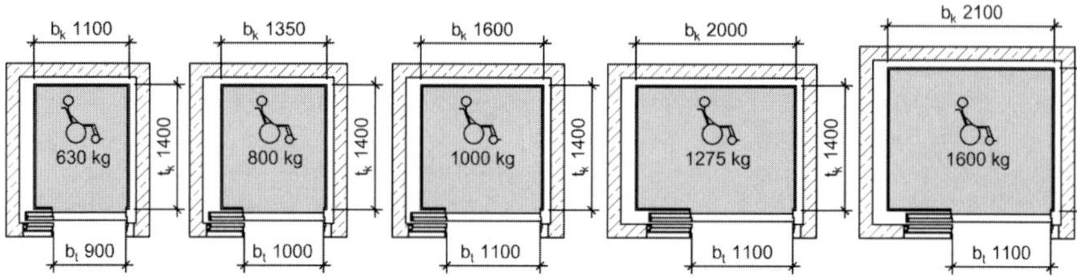

100.5.4.5 SERVICEAUFZÜGE

Serviceaufzüge sollten grundsätzlich behindertengerecht ausgeführt werden (den Bestimmungen der ÖNORM B2455 [51] entsprechen). Wenn fallweise in diesen Aufzügen auch Tragbahren oder Möbel transportiert werden sollen, sollte die Kabinentiefe mindestens 2,10 m betragen.

Abbildung 100.5-14: Kabinenabmessungen – Serviceaufzüge

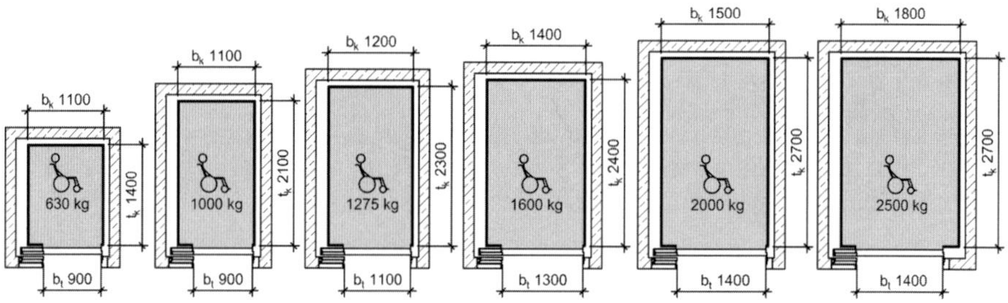

100.5.4.6 BETTENAUFZÜGE

Bettenaufzüge dienen dem Transport von Tragbahren oder Betten mit mindestens einer Begleitperson. Sie sind (den Bestimmungen der ÖNORM B2455 [51] entsprechend) behindertengerecht auszuführen. Vorzugsabmessungen von Bettenaufzügen entsprechen jenen von Serviceaufzügen für Tragfähigkeiten von 1275 kg bis 2500 kg.

100.5.4.7 AUTOAUFZÜGE

Autoaufzüge sind möglichst mit zwei gegenüberliegenden Zugängen auszuführen, um die Zu- und Wegfahrt zu erleichtern. Bis zu Förderhöhen von 18 m sollte der

Abbildung 100.5-15: Kabinenabmessung – Autoaufzug

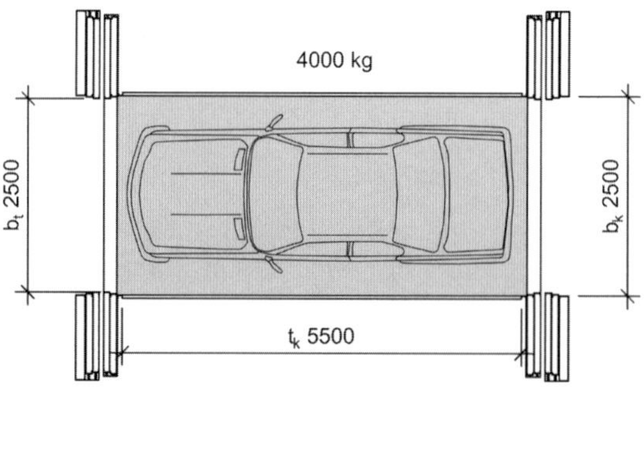

Antrieb hydraulisch erfolgen. Bei Förderhöhen über 18 m werden Seilantriebe erforderlich.

100.5.4.8 LASTENAUFZÜGE

Bei der Festlegung von Kabinengröße und Tragfähigkeit von Lastenaufzügen sind neben der Art der zu transportierenden Güter auch die dafür erforderlichen Lastaufnahmemittel und die Art der Ladefahrzeuge zu berücksichtigen. Tragfähigkeit und Kabinen-Grundfläche müssen sowohl den Transportgütern als auch den Lastaufnahmemitteln und Ladefahrzeugen entsprechen.

Abbildung 100.5-16: Lastenaufzüge

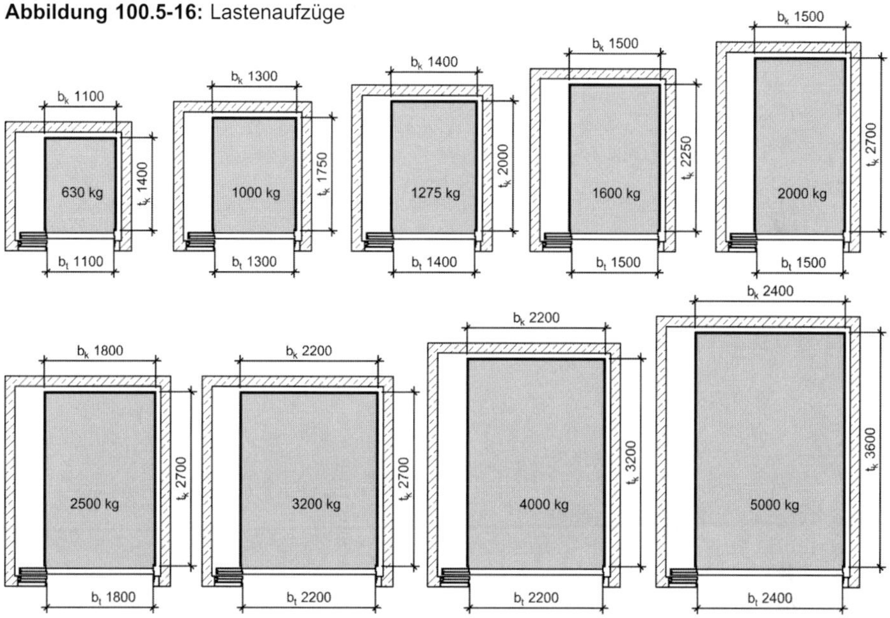

Tabelle 100.5-10: Richtwerte für Lastaufnahmemittel und Ladefahrzeuge

Lastaufnahmemittel Ladefahrzeuge	**Länge** *[mm]*	**Breite** *[mm]*	**Traglast** *[kg]*	**Eigengewicht** *[kg]*
Fachpalette	800	600	1000	18
	1200	800	1000	22
	1200	1000	1000	40
	1200	1200	1000	45
Gitterboxpalette	1200	800	500	50
Container	1300	850	800	150
Hand-Gabelhubwagen	1600	550	2000	100
Elektro-Gehgabelstapler	1800	850	1250	1000
Fahrersitz-Gabelstapler	2900	1200	1500	3000

100.5.5 FAHRSTEIGE, FAHRTREPPEN

Für große Personenmengen sind Fahrsteige und Fahrtreppen außerordentlich zuverlässige und kontinuierlich arbeitende Personenbeförderungsmittel. Bei Anordnung dieser Beförderungsanlagen ist auf ausreichend große Stauräume an den Zu- und

Abgängen zu achten. In Hinblick auf flexible Einsatzmöglichkeiten ist eine Schaltungsmöglichkeit für beide Fahrtrichtungen vorzusehen (Bilder 100.5-23 bis 31).

Fahrsteige haben ähnliche Vorteile wie Fahrtreppen, bieten jedoch den zusätzlichen Nutzen des komfortablen Transports von Gepäck, Kofferkulis, Einkaufs- und Kinderwagen. Fahrgeschwindigkeiten von 0,45 bis 0,50 m/s sind international üblicher Standard. Geschwindigkeiten von 0,65 oder 0,75 m/s sind nur bei großen Förderhöhen im öffentlichen Verkehr sinnvoll. Durch die Erhöhung der Fahrgeschwindigkeit nimmt die Förderleistung nicht proportional zu, da die Benutzer bei Betreten der Anlage zögern. Wenn es die baulichen und finanziellen Umstände erlauben, empfiehlt sich der Einbau mehrerer parallel angeordneter Fahrtreppen. Dadurch wird nicht nur die Förderleistung erhöht, sondern auch eine Ausfallreserve geschaffen.

Abbildung 100.5-17: Fahrtreppen Leistung

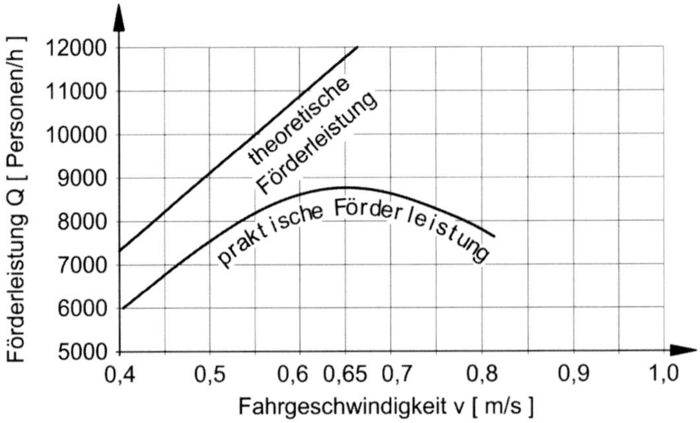

Folgende Fahrgeschwindigkeiten haben sich bewährt:

v = 0,50 m/s	Fahrtreppen aller Nennbreiten im kommerziellen Bereich
v = 0,50–0,65 m/s	Fahrtreppen aller Nennbreiten im öffentlichen Verkehr
v = 0,50–0,65 m/s	Fahrsteige mit Nennbreiten von 1200 bis 1400 mm
v = 0,50–0,75 m/s	Fahrsteige mit Nennbreiten bis 1000 mm

Bei Transport von Kofferkulis verringert sich die Förderleistung erheblich. Fahrtreppen eignen sich nicht für den Transport von Kinderwägen und Rollstühlen, deshalb sind für diese Transportaufgaben Personenaufzüge vorzusehen.

Tabelle 100.5-11: Förderleistungen – Fahrtreppen, Fahrsteige

		Förderleistung Q *[Personen/h]*			
bei Fahrgeschwindigkeit	*[m/s]*	0,5	0,6	0,65	0,75
Fahrtreppen:					
Stufenbreite	0,6 m	45000	5400	5850	6750
Stufenbreite	0,8 m	6750	8100	8775	10150
Stufenbreite	1,0 m	9000	10800	11700	13500
geneigte Fahrsteige:					
Plattenbreite	0,8 m	6750	8100	8775	–
Plattenbreite	1,0 m	9000	10800	11700	–
horizontale Fahrsteige:					
Plattenbreite	0,8 m	6750	8100	8775	10150
Gurtbreite	1,0–1,4 m	9000	10800	11700	13500

Abbildung 100.5-18: Fahrtreppen [78]

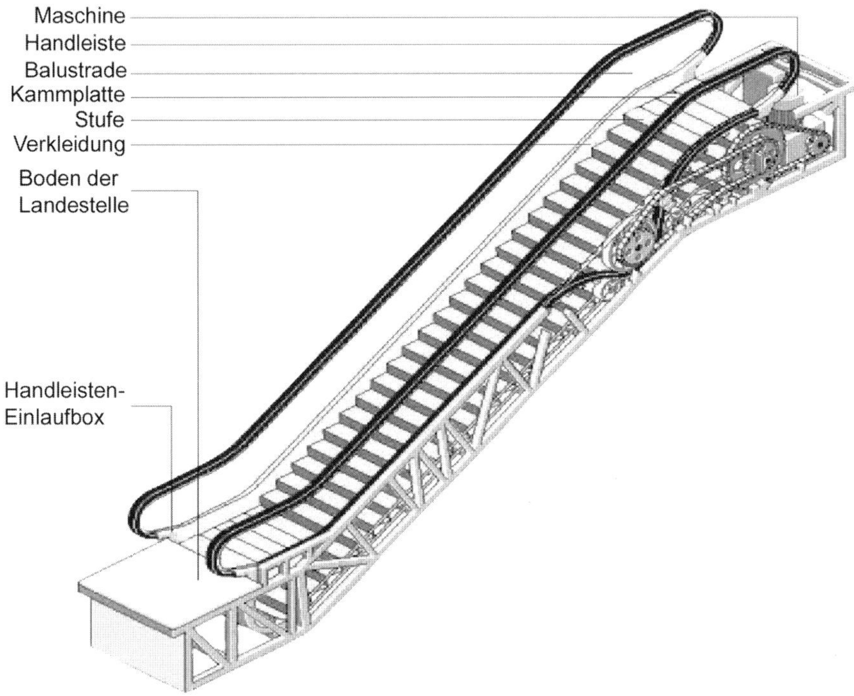

Sicherheitsregeln für die Konstruktion und den Einbau von Fahrtreppen und Fahrsteigen wurden in ÖNORM EN 115 [60] festgelegt. Wesentliche Bestimmungen dieser ÖNORM sind in nachfolgenden Tabellen zusammengefasst:

Tabelle 100.5-12: Sicherheitsregeln für Fahrsteige [60]

Förderhöhe H [m]	**Plattenbreite b** [cm]	**Geschwindigkeit v** [m/s]	**max. Neigung** [°]	**horiz. Plattenlauf** [cm]
keine Beschränkung durch Normen	keine Beschränkung durch Normen	$v \leq 0{,}75$	0 bis 6 10 bis 12	nicht erforderlich nur oben 40
	$b \leq 110$	$0{,}75 \leq v \leq 0{,}90$	≤ 12	oben und unten 160

Freie Durchfahrtshöhe

Die freie Durchfahrtshöhe muss an jeder Stelle des Stufen- bzw. Plattenbandes oder des Gurtes mindestens 2,3 m betragen.

Stauräume

An den Zu- und Abgängen der Fahrtreppen und Fahrsteige sind Stauräume freizuhalten, deren Breite zumindest gleich groß sein muss wie der Abstand der Handlaufmittellinien und deren Tiefe mindestens 2,5 m betragen soll. Wenn mit hohem Verkehrsaufkommen gerechnet wird oder der Transport von Einkaufswagen und Kofferkulis vorgesehen ist, sollten die Stauräume größer bemessen werden.

Sicherheitsabstände

Der horizontale Abstand vom äußeren Rand des Handlaufes zu den Wänden oder anderen Hindernissen darf in keinem Fall weniger als 8 cm betragen. Dieser

Abstand ist bis zu einer Höhe von mindestens 2,1 m oberhalb des Stufen-/Plattenbandes bzw. Gurtes einzuhalten. Bei Deckendurchbrüchen und gekreuzt angeordneten Fahrtreppen/Fahrstegen muss der horizontale Abstand von der Handlaufmitte zum Hindernis mindestens 50 cm betragen. Sollte dieser Sicherheitsabstand unterschritten werden, sind spezielle Abweiser erforderlich.

Abbildung 100.5-19: Abweiser Fahrtreppen

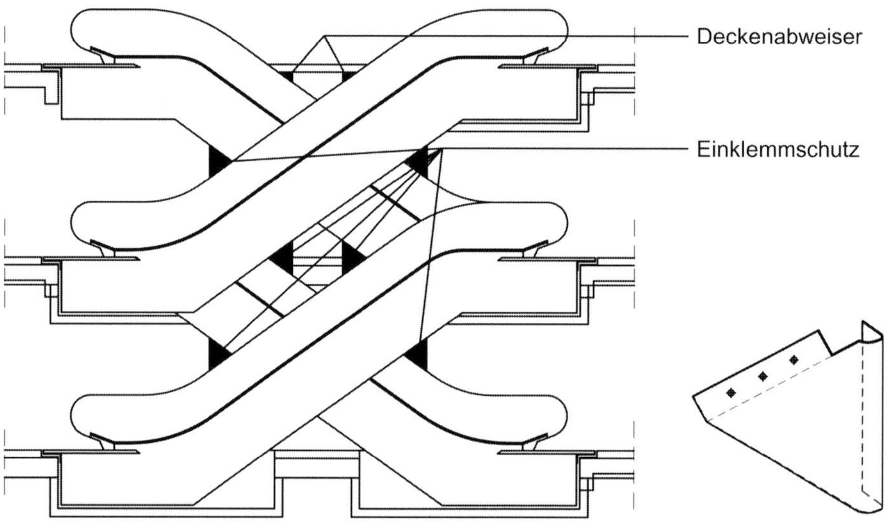

Auflager

Fahrtreppen und Fahrsteige werden auf elastische Endauflager gesetzt. Diese verhindern die Übertragung von Vibrationen und Körperschall auf das Bauwerk. Auch die seitlichen und stirnseitigen Bodenanschlüsse müssen elastisch ausgeführt werden. Die Anpassung an das Niveau des Fertigbodens erfolgt über Stellschrauben. Der verbleibende Spalt ist bauseitig mit elastischem Material (z.B. Silikonkautschuk) auszufüllen. Keinesfalls dürfen Auflager einbetoniert oder Verschalungsteile zwischen Fahrtreppe/Fahrsteig und Bauwerk verkeilt werden. Fahrtreppen/Fahrsteige, die Bauwerksdehnfugen überbrücken, sind mit speziellen Endauflagern auszurüsten, da die Anlage selbst keine Dehnungen aufnehmen kann. Bei großen Spannweiten zwischen oberem und unterem Endlager sind ein oder mehrere Mittelauflager vorzusehen. Mittelauflager und feste Endauflager müssen sich im selben Bauwerksabschnitt befinden. Für die Bemessung der Auflagerkonstruktion ist vor allem der Auflagerabstand maßgebend. Die Konstruktion ist für das Eigengewicht der Rolltreppe und eine Nutzlast von 5 kN/m^2 auszulegen.

Einbau

Transport, Einbringung und Montage von Fahrtreppen und Fahrsteige können deren Kosten erheblich beeinflussen. Lieferzustand, Einbringungswege und Aufhängepunkte für Hebezeuge sind deshalb zeitgerecht in die Planung von Fahrtreppen oder Fahrsteigen einzubeziehen.

Abbildung 100.5-20: Beispiel für Einbaumaße – Fahrtreppe [78]

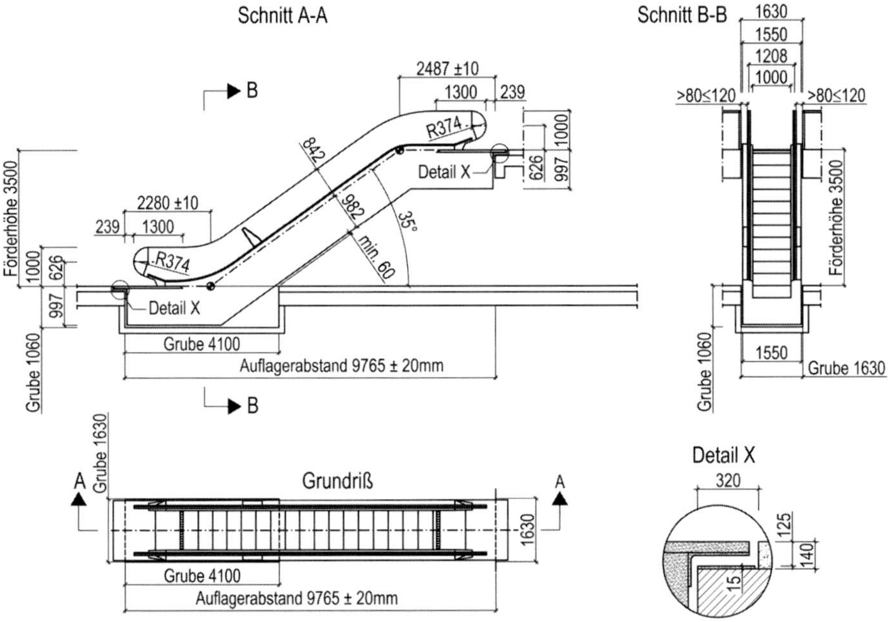

Abbildung 100.5-21: Fahrsteig

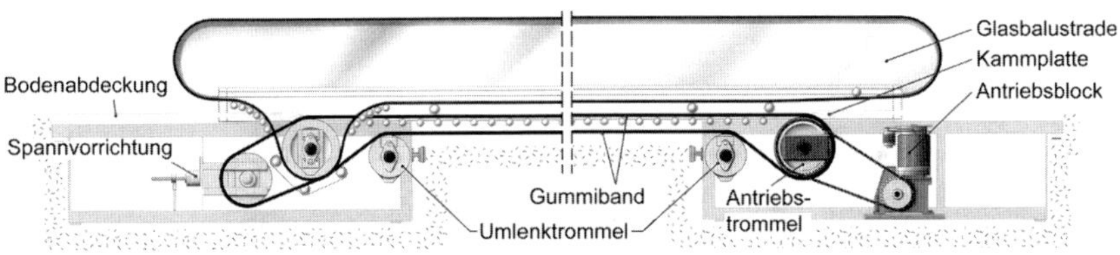

Abbildung 100.5-22: Beispiel Fahrsteigplan [78]

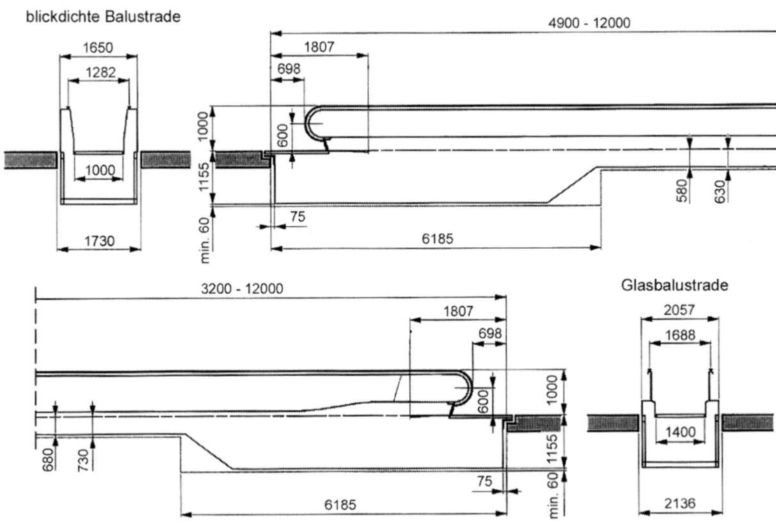

Bild 100.5-01

Bild 100.5-02

Bild 100.5-01: Panoramaaufzug Möbelhaus
Bild 100.5-02: Panorama-Glasaufzug Einkaufszentrum

Bild 100.5-03

Bild 100.5-04

Bild 100.5-05

Bild 100.5-03: Triebwerksraumloser Seilaufzug
Bild 100.5-04: Haltestelle – Panoramaaufzug
Bild 100.5-05: Hydraulikaufzug mit Stahl-Glas-Umwehrung

Bild 100.5-06

Bild 100.5-07

Bild 100.5-06: Haltestelle – hydraulischer Glasaufzug
Bild 100.5-07: Haltestelle – Seilaufzug

Bild 100.5-08

Bild 100.5-09

Bild 100.5-10

Bild 100.5-08: Maschinenraumloser Personenaufzug – Nachrüstung
Bild 100.5-09: Maschinenraumloser Personenaufzug
Bild 100.5-10: Seilaufzug – U-Bahnstation

Bild 100.5-11

Bild 100.5-12

Bild 100.5-11: Seilaufzug – Fahrschacht
Bild 100.5-12: Seilaufzug – Kabinendecke

Bild 100.5-13

Bild 100.5-14

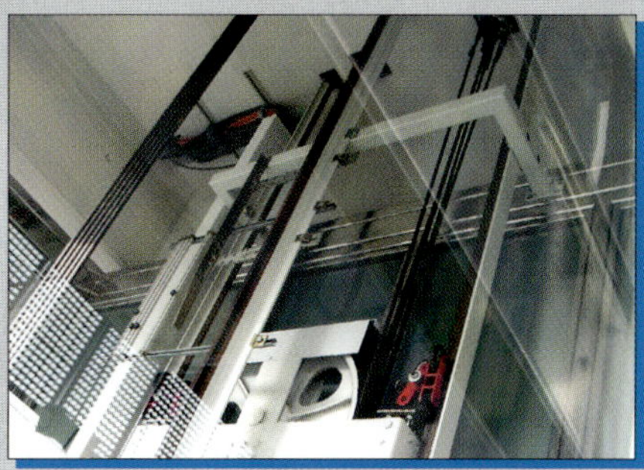

Bild 100.5-13: Seilaufzug – Gegengewicht
Bild 100.5-14: Seilaufzug – Fahrschacht oben

Bild 100.5-15

Bild 100.5-16

Bild 100.5-15: Seilumlenkungen
Bild 100.5-16: Hydraulikzylinder

Bild 100.5-17

Bild 100.5-18

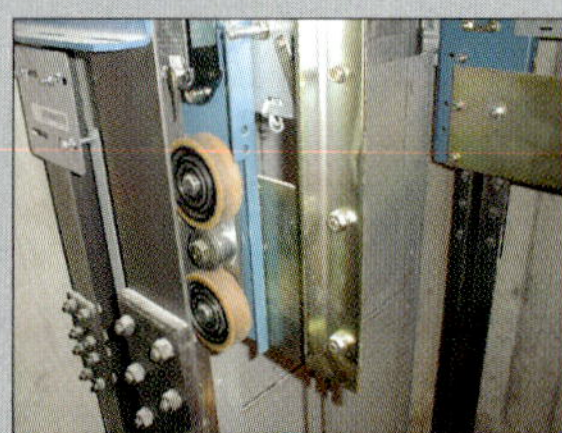

Bild 100.5-19

Bild 100.5-20

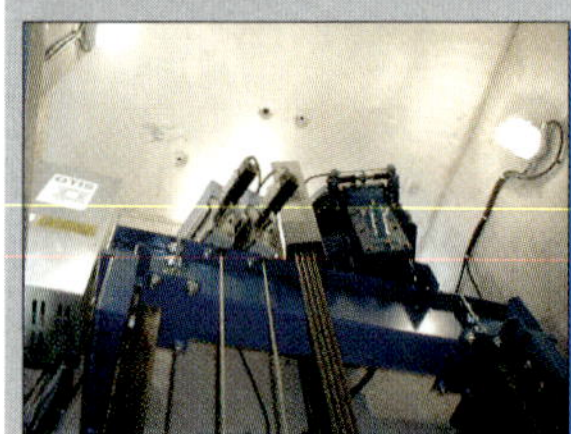

Bild 100.5-21

Bild 100.5-22

Bilder 100.5-17 bis 22: Seilaufzug – Details und Montage

Bild 100.5-23

Bild 100.5-24

Bild 100.5-23: Fahrsteig – Bahnhof
Bild 100.5-24: Fahrsteig – Einkaufszentrum

Bild 100.5-25

Bild 100.5-26

Bild 100.5-27

Bild 100.5-25: Fahrsteig – Museum
Bild 100.5-26: Fahrtreppe – Bürohaus
Bild 100.5-27: Fahrtreppe – Einkaufszentrum

Bild 100.5-28

Bild 100.5-29

Bild 100.5-28: Fahrtreppe – Einkaufszentrum
Bild 100.5-29: Fahrtreppe – Modehaus

Bild 100.5-30

Bild 100.5-31

Bilder 100.5-30 und 31: Recyclingmöglichkeit für Fahrtreppen (München)

QUELLENNACHWEIS

Dipl.-Ing. Dr. Anton PECH – WIEN (A)
Autor und Herausgeber
Bilder: 100.2-02, 100.2-05, 100.4-01 (= Titelbild) und 02, 100.4-06 und 07, 100.4-12, 100.4-25 und 26, 100.4-71 bis 73, 100.4-46 und 47, 100.4-102, 100.5-30 und 31

Univ.-Prof. Dipl.-Ing. Dr. Andreas KOLBITSCH – WIEN (A)
Autor

Dipl.-Ing. Klaus JENS – WIEN (A)
Bearbeitung von Kapitel 5: Aufzüge

Arch. Dipl.-Ing. Monika Anna KLENOVEC – PERCHTOLDSDORF (A)
Bearbeitung von Kapitel 3: Barrierefreie Erschließungen
Bilder: 100.2-12, 100.3-02 bis 06, 100.3-10 und 11, 100.3-27 bis 31

em. O.Univ.-Prof. Baurat hc. Dipl.-Ing. Dr. Alfred PAUSER – WIEN (A)
Fachtechnische Beratung und Durchsicht des Manuskripts

Dipl.-Ing. Dr. Franz ZACH – WIEN (A)
Kritische Durchsicht des Manuskripts

Peter HERZINA – WIEN (A)
Layout, Zeichnungen, Bildformatierungen
Bilder: 100.2-01, 100.2-03 und 04, 100.2-06 bis 11, 100.2-13 und 14, 100.2-21, 100.2-24 bis 36, 100.3-01, 100.3-07 bis 09, 100.3-18 und 19, 100.3-23 und 24, 100.4-03 bis 05, 100.4-08 bis 11, 100.4-13 bis 24, 100.4-37, 100.4-41 bis 45, 100.4-58 bis 65, 100.4-67, 100.4-69 und 70, 100.4-74 bis 89, 100.4-91 bis 101, 100.5-01, 100.5-07, 100.5-10 bis 16, 100.5-23

Wolfgang KREMSER – WIEN (A)
Bilder: 100.3-12 bis 17, 100.3-25 und 26

Bmst. Ing. Christian PESCHEK – WIEN (A)
Bilder: 100.4-27 bis 30

Michael KUSCHNIG – FH-BAU WIEN (A)
Bilder: 100.4-31 bis 36

Ing. Ulrike SCHWARZ – Fa. Holzbetriebe Vogl-Schwarz – DEUTSCH WAGRAM (A)
Bilder: 100.2-20, 100.2-22 und 23, 100.4-57, 100.4-68, 100.4-90

Fa. Fuchs Treppen – HERBERTINGEN (D)
Bilder: 100.2-15 bis 19, 100.4-55 und 56, 100.4-66

Fa. Högg Teleskop – LICHTENSTEIG (CH)
Bilder: 100.3-22

Fa. Schindler – WIEN (A)
Bilder: 100.5-02, 100.5-06, 100.5-08 und 09, 100.5-24, 100.5-27 bis 29

Fa. Otis – WIEN (A)
Bilder: 100.5-03 bis 05, 100.5-17 bis 22, 100.5-25 und 26

Fa. MABA – WÖLLERSDORF (A)
Bilder: 100.4-38 bis 40

Fa. Stako – WIEN (A)
Bilder: 100.3-20 bis 21

Fa. Schöck – WIEN (A)
Bilder: 100.4-48 bis 54

LITERATURVERZEICHNIS

FACHBÜCHER

[1] *Ahnert, Krause*: Typische Baukonstruktionen von 1860 bis 1960. Band 3. Bauverlag, Wiesbaden 1987.

[2] *Dierks/Hermann/Schneider/Tietge/Wormuth*: Baukonstruktion. Werner-Verlag 1986.

[3] *Frick/Knöll/Neumann/Weinbrenner*: Baukonstruktionslehre Teil 2. Teubner, Stuttgart 1992.

[4] *Fuchssteiner*: Beton-Kalender. Ernst & Sohn, Berlin 1961.

[5] *Grassnik/Holzapfel/Klindt/Niemer/Wahl*: Der schadenfreie Hochbau – Teil 2: Allgemeiner Ausbau und Fassadenbekleidungen. Rudolf Müller, Köln 1992.

[6] *Leder*: Hochbaukonstruktionen. Band IV: Treppen. Springer, Wien 1985.

[7] *Marx*: Barrierefreies Planen und Bauen für Senioren und behinderte Menschen. Karl Krämer, Stuttgart 1994.

[8] *Menn*: Kreisträger und Wendelfläche. Lehmann, Zürich 1956.

[9] *Pauser*: Beton im Hochbau. Handbuch für den konstruktiven Vorentwurf. Bau+Technik, Düsseldorf 1998.

[10] *Riccabona*: Baukonstruktonslehre 2 – Stiegen, Dächer, Fenster, Türen. Manz, Wien 1994.

[11] *Stemshorn, Koch*: Barrierefreies Bauen für Behinderte. Stuttgart 1994.

VERÖFFENTLICHUNGEN

[12] *AUVA*: Barrierefrei am Arbeitsplatz. Wien 2000.

[13] *AUVA*: Barrierefrei wohnen. Wien 2000.

[14] *Behinderten-Selbsthilfegruppe Hartberg*: Barrierefreies Bauen – Hotel, Restaurants. Hartberg 1999.

[15] *bmvit*: Straßenraum für alle. 2004.

[16] *Magistrat Graz*: Barrierefrei Bauen – öffentliche Gebäude. Graz 1997.

[17] *Magistrat Graz*: Wohnbau – barrierefreies Bauen für alle behinderten und nichtbehinderten Menschen. Graz 1999.

SKRIPTEN

[18] *Gamerith*: Vorlesungsskriptum Band 1.10 – Stiegen. TU-Graz, Institut für Hochbau und Industriebau, Graz 1993.

[19] *Pauser*: Hochbau. Band 3 der Schriftenreihe des Ordinariats für Hochbau. TU-Wien, Institut für Hochbau und Industriebau, Wien 1996.

GESETZE, RICHTLINIEN

[20] *Arbeitsstättenverordnung in der Land- und Forstwirtschaft – Bgld.* 2002.

[21] *Arbeitsstättenverordnung Salzburg* 2003.

[22] *Bauordnung für Oberösterreich*. Linz 1999.

[23] *Bauordnung für Vorarlberg*. Bregenz 2001.

[24] *Bauordnung für Wien*. Wien 2003.

[25] *Bautechnikgesetz Salzburg*. Salzburg 2000.

[26] *Bautechnikgesetz Salzburg*. Salzburg 2003.

[27] *Bautechnikverordnung Vorarlberg* 2001.

[28] *Burgenländisches Baugesetz*. Eisenstadt 1997.

[29] *Das Tiroler Aufzugsgesetz* 1998.

[30] *Heimbauverordnung Vorarlberg* 2003.
[31] *Kärntner Aufzugsgesetz*. Klagenfurt 2000.
[32] *Kärntner Bauordnung*. Klagenfurt 2001.
[33] *Niederösterreichische Aufzugsordnung*. St.Pölten 1995.
[34] *Niederösterreichische Bauordnung*. St.Pölten 2003.
[35] *Oberösterreichisches Aufzugsgesetz* 2001.
[36] *ÖVE EN 60118-4*: Hörgeräte .... – Teil 4: Induktionsschleifen für Hörgeräte.
[37] *Steiermärkisches Aufzugsgesetz über den Einbau, den Betrieb und die Instandhaltung von Aufzügen* 2002.
[38] *Steiermärkisches Baugesetz*. Graz 2002.
[39] *Tiroler Bauordnung*. Innsbruck 2001.
[40] *Wiener Aufzugsgesetz* 2001.

NORMEN

[41] *DIN ISO 7176-5*. Deutsches Institut für Normung, Berlin.
[42] *ISO 9386-2*: Power-operated lifting platforms for persons with impaired mobility 2000-11-01.
[43] *ISO TR 9527*: Building construction – Needs of disabled people in buildings – Design guidelines.
[44] *ÖNORM A 3011-3*: Graphische Symbole für die Öffentlichkeitsinformation – Symbole 53 bis 76. Österreichisches Normungsinstitut, Wien 1982-06-01.
[45] *ÖNORM A 3012*: Visuelle Leitsysteme für die Öffentlichkeitsinformation – Orientierung mit Hilfe von Richtungspfeilen, graphischen Symbolen, Text, Licht und Farbe. Österreichisches Normungsinstitut, Wien 1994-04-01.
[46] *ÖNORM B 1600*: Barrierefreies Bauen – Planungsgrundsätze. Österreichisches Normungsinstitut, Wien 2003-12-01.
[47] *ÖNORM B 1601*: Spezielle Baulichkeiten für behinderte und alte Menschen – Planungsgrundsätze. Österreichisches Normungsinstitut, Wien 2003-12-01.
[48] *ÖNORM B 1602*: Barrierefreie Schul- und Ausbildungsstätten und Begleiteinrichtungen. Österreichisches Normungsinstitut, Wien 2001-06-01.
[49] *ÖNORM B 1991-1-1*: Eurocode 1 – Einwirkungen auf Tragwerke – Teil 1-1: Allgemeine Einwirkungen – Wichten, Eigengewichte, Nutzlasten im Hochbau – Nationale Festlegungen zu ÖNORM EN 1991-1-1 und nationale Ergänzungen. Österreichisches Normungsinstitut, Wien 2003-12-01.
[50] *ÖNORM B 2450*: Aufzüge, Fahrtreppen und Fahrsteige – Allgemeine Bestimmungen. Österreichisches Normungsinstitut, Wien 2001-05-01.
[51] *ÖNORM B 2455*: Bauvorschriften für Aufzüge in Hochhäusern. Österreichisches Normungsinstitut, Wien 1991-12-01.
[52] *ÖNORM B 4012*: Belastungsannahmen im Bauwesen. Österreichisches Normungsinstitut, Wien 1988-11-01.
[53] *ÖNORM B 5330-1*: Türen – Teil 1: Allgemeines. Österreichisches Normungsinstitut, Wien 2002-11-01.
[54] *ÖNORM B 5370*: Stiegen. Österreichisches Normungsinstitut, Wien 1982-11-01.
[55] *ÖNORM B 5371*: Gebäudetreppen – Abmessungen. Österreichisches Normungsinstitut, Wien 1986-01-01.
[56] *ÖNORM B 5371*: Gebäudetreppen – Abmessungen. Österreichisches Normungsinstitut, Wien 2000-12-01.
[57] *ÖNORM B 8110-4*: Wärmeschutz im Hochbau – Teil 4: Betriebswirtschaftliche Optimierung des Wärmeschutzes. Österreichisches Normungsinstitut, Wien 1998-09-01.
[58] *ÖNORM B 8115-2*: Schallschutz und Raumakustik im Hochbau – Teil 2: Anforderungen an den Schallschutz. Österreichisches Normungsinstitut, Wien 2002-09-01.
[59] *ÖNORM B 8115-4*: Schallschutz und Raumakustik im Hochbau – Teil 4: Maßnahmen zur Erfüllung der schalltechnischen Anforderungen. Österreichisches Normungsinstitut, Wien 2003-09-01.
[60] *ÖNORM EN 115*: Sicherheitsregeln für die Konstruktion und den Einbau von Fahrtreppen und Fahrsteigen. Österreichisches Normungsinstitut, Wien 1995-05-01.

[61] *ÖNORM EN 1154*: Schlösser und Baubeschläge – Türschließmittel mit kontrolliertem Schließablauf – Anforderungen und Prüfverfahren. Österreichisches Normungsinstitut, Wien 2003-06-01.
[62] *ÖNORM EN 12046-2*: Bedienkräfte – Prüfverfahren – Teil 2: Türen. Österreichisches Normungsinstitut, Wien 2000-05-01.
[63] *ÖNORM EN 12217-2*: Betätigungskräfte – ... – Teil 1: Fenster. Österreichisches Normungsinstitut, Wien 2002-10-01.
[64] *ÖNORM EN 12464-1*: Licht und Beleuchtung ... – Teil 1: Arbeitsstätten. Österreichisches Normungsinstitut, Wien 2003-04-01.
[65] *ÖNORM EN 12464-2*: Licht und Beleuchtung ... – Teil 2: Arbeitsplätze im Freien. Österreichisches Normungsinstitut, Wien 2003-04-01.
[66] *ÖNORM EN 1865*: Festlegungen für Krankentragen und andere Krankentransportmittel im Krankenkraftwagen. Österreichisches Normungsinstitut, Wien 2000-02-01.
[67] *ÖNORM EN 1991-1-1*: Eurocode 1 – Einwirkungen auf Tragwerke – Teil 1-1: Allgemeine Einwirkungen – Wichten, Eigengewichte, Nutzlasten im Hochbau – Nationale Festlegungen zu ÖNORM EN 1991-1-1 und nationale Ergänzungen. Österreichisches Normungsinstitut, Wien 2003-12-01.
[68] *ÖNORM EN 81*: Elektrisch angetriebene Aufzüge und hydraulische Aufzüge. Österreichisches Normungsinstitut, Wien 1999-04-01.
[69] *ÖNORM EN 81-1/AC1*: Sicherheitsregeln für die Konstruktion und den Einbau von Aufzügen – Teil 1: Elektrisch betriebene Personen- und Lastenaufzüge (Berichtigung). Österreichisches Normungsinstitut, Wien 2000-03-01.
[70] *ÖNORM EN 81-2/AC1*: Sicherheitsregeln für die Konstruktion und den Einbau von Aufzügen – Teil 2: Hydraulisch betriebene Personen- und Lastenaufzüge (Berichtigung). Österreichisches Normungsinstitut, Wien 2000-03-01.
[71] *ÖNORM EN 81-3*: Sicherheitsregeln für die Konstruktion und den Einbau von Aufzügen – Teil 3: Elektrisch und hydraulisch betriebene Kleingüteraufzüge. Österreichisches Normungsinstitut, Wien 2001-03-01.
[72] *ÖNORM EN 81-70*: Sicherheitsregeln für die Konstruktion und den Einbau von Aufzügen – Besondere Anwendungen für Personen- und Lastenaufzüge – Teil 70: Zugänglichkeit von Aufzügen für Personen einschließlich Personen mit Behinderungen. Österreichisches Normungsinstitut, Wien 2003-12-01.
[73] *ÖNORM V 2100*: Technische Hilfen für sehbehinderte und blinde Menschen – Taktile Markierungen an Anmeldetableaus für Fußgänger. Österreichisches Normungsinstitut, Wien 2003-09-01.
[74] *ÖNORM V 2102-1*: Technische Hilfen für sehbehinderte und blinde Menschen –Taktile Bodeninformationen. Österreichisches Normungsinstitut, Wien 2003-06-01.
[75] *ÖNORM V 2104*: Technische Hilfen für sehbehinderte und blinde Menschen – Baustellen- und Gefahrenabsicherung. Österreichisches Normungsinstitut, Wien 2000-05-01.
[76] *ÖNORM V 2105*: Technische Hilfen für sehbehinderte und blinde Menschen – Tastbare Beschriftungen. Österreichisches Normungsinstitut, Wien 2000-06-01.

PROSPEKTE

[77] *MABA Fertigteilindustrie GmbH*. Wöllersdorf (A).
[78] *OTIS Austria GmbH*. Wien (A).
[79] *Schöck Bauteile GmbH*. Wien (A).
[80] *Wienerberger AG*. Wien (A).

INTERNET

[81] *Barrierefreies Gestalten – Aufzüge, Technisches Informationsblatt 3, Netzwerk der österreichischen Beratungsstellen für barrierefreies Planen und Bauen; kostenlos zu beziehen über die Österreichische ARGE für Rehabilitation (ÖAR)*: http://www.oear.or.at.

[82] *Barrierefreies Gestalten – Öffentliche WC-Anlagen, Technisches Informationsblatt 1, Netzwerk der österreichischen Beratungsstellen für barrierefreies Planen und Bauen; kostenlos zu beziehen über die Österreichische ARGE für Rehabilitation (ÖAR)*: http://www.oear.or.at.

[83] *Barrierefreies Gestalten – Schrägaufzüge & Hebebühnen, Technisches Informationsblatt 4, Netzwerk der österreichischen Beratungsstellen für barrierefreies Planen und Bauen; kostenlos zu beziehen über die Österreichische ARGE für Rehabilitation (ÖAR)*: http://www.oear.or.at.

SACHVERZEICHNIS

Springer und Umwelt

ALS INTERNATIONALER WISSENSCHAFTLICHER VERLAG sind wir uns unserer besonderen Verpflichtung der Umwelt gegenüber bewusst und beziehen umweltorientierte Grundsätze in Unternehmensentscheidungen mit ein.

VON UNSEREN GESCHÄFTSPARTNERN (DRUCKEREIEN, Papierfabriken, Verpackungsherstellern usw.) verlangen wir, dass sie sowohl beim Herstellungsprozess selbst als auch beim Einsatz der zur Verwendung kommenden Materialien ökologische Gesichtspunkte berücksichtigen.

DAS FÜR DIESES BUCH VERWENDETE PAPIER IST AUS chlorfrei hergestelltem Zellstoff gefertigt und im pH-Wert neutral.